U0214658

廊坊古树名木

LANGFANG GUSHU MINGMU

廊坊市绿化委员会办公室
廊坊泽通林业工程设计有限公司　编

中国林业出版社
China Forestry Publishing House

图书在版编目（CIP）数据

廊坊古树名木/廊坊市绿化委等编. —北京：中
国林业出版社，2020.6
ISBN 978-7-5219-0526-7

Ⅰ.①廊…　Ⅱ.①廊…　Ⅲ.①树木—介绍—廊坊
Ⅳ.①S717.222.3

中国版本图书馆CIP数据核字（2020）第058216号

中国林业出版社·自然保护分社（国家公园分社）
策划编辑：刘家玲
责任编辑：刘家玲　宋博洋

出版　中国林业出版社（100009　北京市西城区德内大街刘海胡同7号）
　　　　http://www.forestry.gov.cn/lycb.html　　电话：（010）83143625
发行　中国林业出版社
印刷　固安县京平诚乾印刷有限公司
版次　2020年6月第1版
印次　2020年6月第1次印刷
开本　787mm×1092mm　　1/16
印张　24.5
字数　580千字
定价　400.00元

《廊坊古树名木》编辑委员会

主　　任：马江水

副 主 任：康天佑　孟召强　王继忠

主　　编：康天佑

副 主 编：孟召强　周永刚　王继忠

参编人员：（按姓氏笔画排序）

王冬雅　王雨墨　王鹏飞　尤守华　付惠萱　吕启良　任彦涛

刘　辉　刘家铄　纪海宁　李秀飞　吴　莹　吴建梁　宋永春

张　莹　张秀国　张海冲　陈凤娟　周圣凯　孟庆巍　孟羊羊

赵　辉　徐　祎　郭学鹏　高立恒　康　凡　温长浩　彰俊华

供稿单位：广阳区农业农村局

安次区农业农村局

廊坊经济技术开发区公用事业管理局

三河市自然资源和规划局

大厂回族自治县自然资源和规划局

香河县自然资源和规划局

永清县自然资源和规划局

固安县自然资源和规划局

霸州市自然资源和规划局

文安县自然资源和规划局

大城县自然资源和规划局

供 稿 人：马茂岩　叶振华　孙广耀　李永志

摄　　影：（按姓氏笔画排序）

牛宝森　厉文中　冯文普　李永志　张　立　张灵泉　相恩余

闻树义　程　明

编制单位：廊坊泽通林业工程设计有限公司

撰文统稿：马建军　王引第　赵小丽

图文排版：马建军　王引第　赵小丽

序

幽燕古地，京津之间，九河下梢，冀中沃野。廊坊市是全国绿化模范城市、国家森林城市。在64.13万公顷的土地上，现有林木面积21.73万公顷，林木覆盖率达到33.86%。廊坊市辖两区、六县、两个县级市和一个经济技术开发区，人口480万。这是一片古老而充满生机的大地。历史上，有西晋文学家张华、唐代诗人王之涣、北宋名相吕端、宋代文学家苏洵、元代名相史天泽、明代农民起义领袖刘六刘七兄弟，近现代特别是中华人民共和国成立以来，廊坊在经济发展和文化建设中更是群英荟萃，实现了新时期的飞速发展。

阳光雨露使物华天宝，嘉树雅风伴人杰地灵。在这片土地上，与廊坊的历史相伴而行的还有见证岁月沧桑的古树名木，遍布在全市的东西南北。这些古树把历史变迁和时代脚步融入自己的年轮。可以说，一株古树就是一部史书、一本教材、一篇故事，记录着历史，承载着文化，蕴含着乡愁。既是先人栽培呵护了古树，也是古树庇护和成就了我们的事业。这种人与自然的和谐、绿水青山的孕育使得一代又一代的人们不断辛勤劳作，打造幸福生活，追寻美好梦想。廊坊的古树名木从跨越千年的时光到历经数百载的风雨，从城镇村街到校园院落，无论是银杏松柏还是桑枣梨槐等，都有着不平凡的经历，在不同的方位展示着风采，成为廊坊一道亮丽的风景，是廊坊自然资源、历史文化的重要组成部分，也是人们的精神寄托与希望所在。古树名木是不可再生、不可替代的资源和活文物，具有很高的生态价值、科研价值、文化价值和景观价值。

《廊坊古树名木》由廊坊市绿化委员会组织编撰，各县（市、区）绿化委员会提供了宝贵的资料和照片。本书以县（市、区）为单位独立成篇，记述了180株独立古树、5处古树群、2株名木，共1673株。其中，一级古树41株，二级古树256株，三级古树1374株。相信本书的出版对于保存历史资料，增强人们对古树名木的了解和认识，使全社会进一步增强保护古树名木的责任感，提高积极植树造林的自觉性，展示廊坊城乡新风貌具有重要意义。

《廊坊古树名木》编辑委员会

目 录

广阳区

安次区

廊坊经济技术开发区

三河市

大厂回族自治县

香河县

固安县

永清县

霸州市

广阳区

统稿：赵小丽

摄影：闻树义

供稿：广阳区农业农村局

2000年3月，调整安次区的行政区划，增设广阳区。廊坊市城区以京山铁路为界，铁路北侧为广阳区。广阳区辖南尖塔、北旺、万庄、九州4个乡镇，白家务1个乡镇办事处，以及银河北路、爱民东道、新开路、解放道、新源道5个街道办事处，共有行政村149个、社区居委会74个，是廊坊市党、政、军机关所在地，全市政治、经济、文化的中心。

广阳的民间非物质文化遗产也十分丰富，使生于斯长于斯的民众长期受古风熏染，在潜移默化中涵养着人们的心灵。其中炊庄高腔被誉为北昆的活化石，与南汉音乐会、东尖塔音乐会、李派太极、南王力高跷一起被批准为省级非物质文化遗产；西村双龙会、小海子狮子会、翟各庄小车会、艾各庄音乐会、软采风工艺、团城辛庄吵子会、团城小车会被批准为市级非物质文化遗产。

广阳区全区登记古树17株，1个古树群，隶属于4科4属4种，分别为国槐、圆柏、大青杨和枣树。其中一级古树2株，二级古树5株，三级古树10株。古树群为枣树，共计211株，均为二级古树。

古树编号：13100300001
树种：国槐
科：豆科Leguminosae
属：槐属*Sophora*
拉丁名：*Sophora japonica* L.
树高（m）：15
胸围（cm）：170
树龄：300余年
位置：尖塔镇北王庄村村委会旧址
（E116°41′58.69″ N39°34′33.91″）

　　据传，北王庄古槐（一）于康熙末年植于村中庙前，后变成北王庄村委会。树下有甬道，村民自"双槐"下进行祈福。左边为本株古槐（13100300001），右边生长在本株古槐东侧，是"双槐"中的另一株（13100300015）。

古树编号：13100300002
树种：大青杨
科：杨柳科Salicaceae
属：杨属*Populus*
拉丁名：*Populus ussuriensis* Kom.
树高（m）：28
胸围（cm）：315
树龄：145年
位置：九州镇南汉村原村委会院内
（E116°31′33.24″　N39°30′28.49″）

南汉大青杨位于九州镇南汉村原村委会院内（上图左），相传从前此株树旁有一座古庙。

古树编号：13100300003

树种：国槐

科：豆科Leguminosae

属：槐属*Sophora*

拉丁名：*Sophora japonica* L.

树高（m）：20

胸围（cm）：225

树龄：100余年

位置：九州镇北常道村村委会院内
（E116°31′47.35″ N39°31′24.81″）

　　北常道古槐所在位置之前为村民住宅院内，现为北常道村村委会，古树由村委会管护。经历了百余年的风吹雨打，此株古树仍然枝繁叶茂。

古树编号：13100300004

树种：圆柏

科：柏科Cupressaceae

属：圆柏属*Sabina*

拉丁名：*Sabina chinensis*（L.）Ant.

树高（m）：14

胸围（cm）：133

树龄：115年

位置：九州镇刘官营村村西路旁

（E116°32′50.47″　N39°31′18.02″）

　　此株圆柏位于九州镇刘官营村西路旁，相传此株树旁原有一座关帝庙，后来庙宇被拆除，但是此株圆柏一直存活至今。

古树编号：13100300006
树种：国槐
科：豆科Leguminosae
属：槐属Sophora
拉丁名：Sophora japonica L.
树高（m）：16
胸围（cm）：130
树龄：500余年
位置：北旺乡大枣林庄村中路旁
（E116°46′29.49″ N39°29′27.83″）

　　古槐位于北旺乡大枣林庄村原关帝庙前，树龄500余年，由村委会负责养护。村民皆敬古槐有趋吉避凶之神奇。抗日年间，日军要砍树，村民巧妙周旋，终以砍一枝而得以幸存。如今庙宇已经被拆除，此株槐树却依然顽强地屹立在那里，并且成为当地人许愿的场所。树身上那一条条红色的布条，承载的都是人们对美好未来的向往。

古树编号：13100300007
树种：国槐
科：豆科Leguminosae
属：槐属*Sophora*
拉丁名：*Sophora japonica* L.
树高（m）：15
胸围（cm）：70
树龄：300余年
位置：北旺乡桑园辛庄村村委会院内
（E116°45′11.49″　N39°31′14.85″）

　　此处有两株槐树，此槐树为其中一株，位于另一株槐树的南侧。此处以前是古寺庙，相传曾有庙中的小和尚在树底藏铜钱，后不知所踪。民国年间废庙兴学，改为学校，现为村委会所在地。如今寺庙和学校都没了，两株古树却一直在见证着此处历史的发展。

古树编号：13100300008
树种：国槐
科：豆科Leguminosae
属：槐属*Sophora*
拉丁名：*Sophora japonica* L.
树高（m）：15
胸围（cm）：70
树龄：300余年
位置：北旺乡桑园辛庄村村委会院内
（E116°45′11.50″　N39°31′14.50″）

此株槐树位于上一株槐树的北侧，靠近村委会办公室。

古树编号：13100300009
树种：国槐
科：豆科Leguminosae
属：槐属*Sophora*
拉丁名：*Sophora japonica* L.
树高（m）：13
胸围（cm）：89
树龄：600余年
位置：万庄镇艾家务村村委会院内
（E116°33′53.30″　N39°32′40.04″）

　　此株槐树是以前修建寺庙时栽下的，后来寺庙被拆除，此处建起了村民房，再后来村民房又变成了如今的艾家务村村委会。无论周围环境如何变迁，古槐始终生长在这里，一直见证着艾家务村的发展。虽然现在古槐的身上已经留下了深深的岁月痕迹，但是在古树保护工作者的悉心照顾下，古树又重新焕发出了勃勃生机。

古树编号：13100300010

树种：圆柏

科：柏科Cupressaceae

属：圆柏属*Sabina*

拉丁名：*Sabina chinensis*（L.）Ant.

树高（m）：10

胸围（cm）：45

树龄：400年

位置：万庄镇稽查王村西北

（E116°33′00.68″ N39°35′18.97″）

　　此处原有一座寺庙，这株圆柏就是在修建寺庙时栽下的。后来寺庙被拆除，但是这株柏树却被保存了下来。现在柏树周围变成了一片树林，柏树就像一位长者，默默地守护着周围的村民。

古树编号：13100300011

树种：国槐

科：豆科Leguminosae

属：槐属Sophora

拉丁名：*Sophora japonica* L.

树高（m）：18

胸围（cm）：273

树龄：200余年

位置：万庄镇潘村村委会院内

（E116°30′49.28″ N39°33′12.23″）

　　此处原为寺庙，寺庙被拆除后改建成了潘村村委会。之前槐树一共有三个侧枝，生长得十分茂盛，后来遭到了雷击，被劈掉了一根侧枝。如今断痕处被修复，古树依然在健康生长。

古树编号：13100300012

树种：国槐

科：豆科Leguminosae

属：槐属*Sophora*

拉丁名：*Sophora japonica* L.

树高（m）：9

胸围（cm）：219

树龄：260余年

位置：万庄镇柴孙洼村村委会院内

（E116°34'17.92"　N39°36'06.77"）

　　此株槐树位于柴孙洼村村委会院内入口处，此处原为寺庙，后寺庙被拆除，这株古槐树却被保存了下来。如今这株槐树的树龄已有260余年，一些树枝出现了枯萎的现象，但是仍有不少新枝从树干上萌发出来。

古树编号：13100300013
树种：圆柏
科：柏科Cupressaceae
属：圆柏属*Sabina*
拉丁名：*Sabina chinensis*（L.）Ant.
树高（m）：10
胸围（cm）：90
树龄：260年
位置：万庄镇柴孙洼村村委会院内
（E116°34′17.99″　N39°36′07.15″）

　　此株圆柏现位于柴孙洼村村委会院内办公室前，共有两株圆柏，图上这株圆柏是其中的一株，位于另一株圆柏（13100300019）的西侧。与前述国槐（131003000011）处于同一时期栽植，后寺庙被拆除，两株圆柏及一株槐树同时被保存下来。

古树编号：13100300014

树种：国槐

科：豆科Leguminosae

属：槐属*Sophora*

拉丁名：*Sophora japonica* L.

树高（m）：13

胸围（cm）：124

树龄：120年

位置：万庄镇李孙洼村村委会院内

（E116°36′30.51″ N39°35′25.72″）

此株槐树现位于李孙洼村村委会院内，此处原为寺庙。

古树编号：13100300016

树种：大青杨

科：杨柳科Salicaceae

属：杨属*Populus*

拉丁名：*Populus ussuriensis* Kom.

树高（m）：25

胸围（cm）：216

树龄：100余年

位置：万庄镇李孙洼村小学院内
（E116°36′45.82″　N39°35′28.27″）

　　此株杨树位于李孙洼村小学院内，是李孙洼村小学第一任校长在小时候亲手栽下的，一直存活至今，见证了李孙洼村小学的历史变迁。

古树编号：13100300017
树种：国槐
科：豆科Leguminosae
属：槐属*Sophora*
拉丁名：*Sophora japonica* L.
树高（m）：15
胸围（cm）：170
树龄：300余年
位置：尖塔镇北王庄村村委会旧址
（E116°41′58.69″ N39°34′33.91″）

图上这株槐树和前述的北王庄村另一株槐树（13100300001）都位于北王庄村村委会旧址（此株槐树为右一），两株槐树并称"双槐"，村民经常在"双槐"下进行祈福。

古树编号：13100300018
树种：圆柏
科：柏科Cupressaceae
属：圆柏属*Sabina*
拉丁名：*Sabina chinensis*（L.）Ant.
树高（m）：7
胸围（cm）：73
树龄：120年
位置：尖塔镇北王庄村王氏祖坟旁
（E116°41′58.33″　N39°34′37.72″）

　　此株圆柏是北王庄村王氏的先人于清同治年间植于祖坟旁，共有两株。其中一株已经死亡，剩余的这株圆柏还依然顽强地生长着。

古树编号：13100300019
树种：圆柏
科：柏科Cupressaceae
属：圆柏属*Sabina*
拉丁名：*Sabina chinensis*（L.）Ant.
树高（m）：10
胸围（cm）：90
树龄：260年
位置：万庄镇柴孙洼村村委会院内
（E116°34′17.80″　N39°36′07.12″）

　　此株圆柏（右一）与前述的另一株圆柏（13100300012）（左一）同样位于柴孙洼村村委会院内办公室前，此株位于另一株圆柏的东侧。

古树群编号：Q13100300001-Q13100300211

树种：枣树

科：鼠李科Rhamnaceae

属：枣属*Ziziphus*

拉丁名：*Ziziphus jujuba* Mill.

平均树高（m）：5

平均胸围（cm）：40

平均树龄：300年

位置：火头营村西南京台高速东侧

（E116°29′50.50″　N39°32′25.64″）

　　这一片枣树是由火头营村民的祖先从山东移居过来时携带的枣树苗繁殖起来的，先人移居火头营时栽植于此，希望自己也能如这些枣树一般，在这里生根发芽。

安次区

统稿：赵小丽
摄影：闻树义
供稿：安次区农业农村局

安次区是廊坊市两个市辖区之一，总面积578.4平方公里，户籍人口36.7万人。下辖4个乡、4个镇、3个街道和4个省级工业园区，共有行政村284个，城市社区31个。地处平原地区，共有耕地面积48.4万亩①。城区面积约40平方公里（大外环以内），城镇户籍人口11.24万人。

汉高祖初年（公元前206年），始设安次县，寓意为"安定、和谐之地"。北魏以后曾改称安城、东安，民国3年（1914年）复名安次县。1950年因永定河水患，县址迁到廊坊。1958年安次、武清合并，称武清县，史称"安武合并"。1961年"安武分置"，恢复原县名。1982年3月撤销安次县，改称廊坊市（县级市）。1989年4月设置地级廊坊市，原廊坊市改为安次区。

安次区林木资源丰富，森林覆盖率达40%，曾获得"全国绿化先进单位"和"河北省防沙治沙先进示范区"等称号。依托永定河泛区194平方公里土地，统筹推进省级现代农业园区、省级农业科技园区、省级休闲度假示范区"三区同创"，着力打造廊坊的"绿色会客厅"、京津的"生态后花园"。深入开展大气和水污染防治，空气质量、重点河流水质明显好转。

安次区全区登记古树11株，隶属于2科3属3种，分别为国槐、侧柏、圆柏，全部为三级古树。

---

① 1亩＝1/15公顷，下同。

古树编号：13100200001

树种：侧柏

科：柏科Cupressaceae

属：侧柏属*Platycladus*

拉丁名：*Platycladus orientalis*（L.）Franco

树高（m）：15

胸围（cm）：135

树龄：100余年

位置：东沽港镇淘河中心小学内

（E116°50′12.29″　N39°12′06.01″）

　　据传，清光绪年间，解师傅去北京修颐和园，得到慈禧太后赏赐白银八千两，回家后修建解氏祠堂，于祠堂的四角种植四株侧柏，此株侧柏位于祠堂东北角。

古树编号：13100200002

树种：侧柏

科：柏科Cupressaceae

属：侧柏属*Platycladus*

拉丁名：*Platycladus orientalis*（L.）Franco

树高（m）：14

胸围（cm）：93

树龄：100余年

位置：东沽港镇淘河中心小学内
（E116°50′12.26″　N39°12′05.78″）

此株侧柏位于祠堂西北角。

古树编号：13100200003
树种：侧柏
科：柏科Cupressaceae
属：侧柏属*Platycladus*
拉丁名：*Platycladus orientalis*（L.）Franco
树高（m）：14
胸围（cm）：104
树龄：100余年
位置：东沽港镇淘河中心小学内
（E116°50′12.52″　N39°12′05.99″）

此株侧柏位于祠堂西南角。

古树编号：13100200004
树种：侧柏
科：柏科Cupressaceae
属：侧柏属*Platycladus*
拉丁名：*Platycladus orientalis*（L.）Franco
树高（m）：14
胸围（cm）：113
树龄：100余年
位置：东沽港镇淘河中心小学内
（E116°50′12.54″　N39°12′05.80″）

此株侧柏位于祠堂东南角。

古树编号：13100200005
树种：国槐
科：豆科Leguminosae
属：槐属*Sophora*
拉丁名：*Sophora japonica* L.
树高（m）：12
胸围（cm）：270
树龄：100余年
位置：北史家务乡王常甫村村委会附近
（E116°42′36.68″　N39°28′38.90″）

　　此处原有一座寺庙，庙台两侧各植一株国槐，现仅存一株。虽然此株国槐已有100多年的树龄，但是如今仍然枝繁叶茂。在炎热的夏季，村中老人常在树下乘凉。

古树编号：13100200006

树种：国槐

科：豆科Leguminosae

属：槐属*Sophora*

拉丁名：*Sophora japonica* L.

树高（m）：12

胸围（cm）：152

树龄：100余年

位置：杨税务乡西固城村村民院内

（E116°38′41.76″　N39°27′40.55″）

此株古槐为主人的二姑小时候所植，家人借以"睹物思人"。树主人对古槐一直悉心养护至今，使古槐生长得十分茂盛，巨大的树冠遮盖整个院子。

古树编号：13100200007

树种：国槐

科：豆科Leguminosae

属：槐属*Sophora*

拉丁名：*Sophora japonica* L.

树高（m）：13

胸围（cm）：162

树龄：100余年

位置：杨税务乡辛其营村村民院内

（E116°40′11.34″　N39°27′03.16″）

此株古槐为树主人的先祖种植，为了纪念先祖，家人细心养护至今。

古树编号：13100200008
树种：国槐
科：豆科Leguminosae
属：槐属*Sophora*
拉丁名：*Sophora japonica* L.
树高（m）：16
胸围（cm）：189
树龄：100余年
位置：杨税务乡高芦村南环路路旁
（E116°41′59.48″　N39°27′18.11″）

　　此株古槐为原朝华寺内树木，朝华寺于20世纪70年代被烧毁，仅余这一株古树。2006年，高芦村修外环路时为保护此树，特留在路旁。

古树编号：13100200009

树种：圆柏

科：柏科Cupressaceae

属：圆柏属*Sabina*

拉丁名：*Sabina chinensis*（L.）Ant.

树高（m）：11

胸围（cm）：141

树龄：150年

位置：北史家务乡古县村村民住宅墙外

（E116°39′10.83″　N39°32′04.13″）

　　此株圆柏在古县村邵家的村民住宅墙外，当时种植的柏树有200多株，株株挺拔而立，如一座座标杆。后墓碑被毁古树被焚，仅剩这一株老柏树，百余年来见证着古县村历史和邵氏家族的兴衰。

古树编号：13100200010

树种：国槐

科：豆科Leguminosae

属：槐属*Sophora*

拉丁名：*Sophora japonica* L.

树高（m）：15

胸围（cm）：179

树龄：100余年

位置：廊坊市自然公园内

（E116°38′29.66″　N39°32′25.04″）

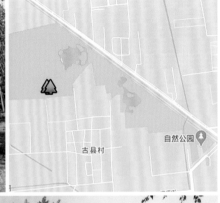

　　此株古槐位于廊坊市自然公园内，2015年北京建大兴机场，经政府相关部门同意将两株古槐移植于此。2018年春，进行过一次复壮养护，以上为其中一株。

古树编号：13100200011
树种：国槐
科：豆科Leguminosae
属：槐属*Sophora*
拉丁名：*Sophora japonica* L.
树高（m）：15
胸围（cm）：217
树龄：120年
位置：廊坊市自然公园内
（E116°38′29.95″　N39°32′25.12″）

上图为廊坊市自然公园中另一株古槐（右一）。

统稿：赵小丽

摄影：闻树义

供稿：廊坊经济技术开发区公用事业管理局

　　廊坊经济技术开发区于1992年6月成立，2009年7月经国务院批准升级为国家级经济技术开发区，现辖区面积69.4平方公里，规划面积38平方公里，总人口近16万人。

　　1992年1～2月，邓小平南巡发表著名的"南方谈话"，这一重要谈话精神犹如一缕春风，为中国在改革开放的道路上不断前进注入了强大动力，同年6月，廊坊经济技术开发区应运而生。

　　廊坊经济技术开发区位于廊坊市区东北部，京津连线黄金分割点，距北京城区38公里，距天津城区60公里，区位优势独一无二。同时，廊坊市也是全国铁路、公路密度最大的地区之一，8条高速公路、7条铁路干线穿城而过，5条国家级和20条省级公路纵横交错，京沪高铁出京第一站便是廊坊。

　　廊坊经济技术开发区全区登记古树3株，隶属于1科1属1种，全部为国槐。3株古槐均为三级古树。

古树编号：13100300020

树种：国槐

科：豆科Leguminosae

属：槐属*Sophora*

拉丁名：*Sophora japonica* L.

树高（m）：15

胸围（cm）：219

树龄：100余年

位置：开发区娄庄村小学院内

（E116°43′46.37″　N39°34′26.58″）

　　此株槐树现位于娄庄村小学院内，历经沧桑，存活至今。相传娄庄村小学原为一座寺庙，寺中一僧人经常在此槐树下吹唢呐，因其细心管护，此株槐树生长得格外茂盛。

古树编号：13100300021
树种：国槐
科：豆科Leguminosae
属：槐属*Sophora*
拉丁名：*Sophora japonica* L.
树高（m）：10
胸围（cm）：117
树龄：100余年
位置：开发区桐柏村村民院内
（E116°44′39.17″　N39°35′12.84″）

　　此株古槐由桐柏村村民先辈种植，为了纪念先辈，存留至今。曾因一次失火，烧坏了一边的侧枝，为了使其更好地生长，将被烧坏的侧枝砍去。如今这株槐树枝繁叶茂，丝毫没有因为缺少了一边的侧枝减少分毫的生机。

古树编号：13100300022

树种：国槐

科：豆科Leguminosae

属：槐属*Sophora*

拉丁名：*Sophora japonica* L.

树高（m）：17

胸围（cm）：170

树龄：100余年

位置：开发区南营清真寺内

（E116°47′35.79″　N39°35′07.93″）

　　据传，清真寺门前这株古槐栽植于清朝年间，后根部以上死亡，从根部又萌发出新枝，逐渐长成一株大树，历经百年风雨，见证了开发区南营的发展历程。随着经济的发展，清真寺占地面积逐渐扩大，但均以保护此树为先，致成今日之景。

三河市

统稿：马建军
摄影：张灵泉
供稿：马茂岩

三河市位于燕山余脉前的冲积平原，隶属于河北省，由廊坊市代管，地处京、津交界地带，与北京仅一河之隔，是中国占地面积最大、行政级别最高的县级飞地，西距天安门30公里，西北距首都机场25公里，被誉为"京东明珠"。

三河于唐开元四年（716年）建县，1993年经国务院批准撤县设市，境东与天津市蓟州区交界，北与北京市平谷区接壤，西北与北京市顺义区为邻，西隔潮白河与北京市通州区相望，西南与大厂回族自治县毗邻，南与香河县接壤，东南与天津市宝坻区相邻。

三河1993年撤县设市，现辖10个镇、5个园区、4个街道办事处、395个行政村街，辖区面积634平方公里。境内山水相依、沃野相连，102国道穿腹而过，京秦、大秦两条电气化铁路横贯东西，截至2017年底，三河市户籍人口71.02万人。

全市登记古树25株，1个古梨树群，隶属于6科6属6种，分别为国槐、侧柏、银杏、油松、香椿和罐梨（皇冠梨）。其中一级古树13株，二级古树8株，三级古树4株。古梨树群为罐梨（皇冠梨），共计432株，均为三级古树。

古树编号：13108200433

树种：国槐

科：豆科Leguminosae

属：槐属Sophora

拉丁名：Sophora japonica L.

树高（m）：19

胸围（cm）：450

树龄：600余年

位置：燕郊镇张营村村委会

（E116°50′29.81″ N39°55′07.08″）

此古槐树位于三河市燕郊镇张营村村委会院内。据考证为元末所植，至今已有600多年的历史。古树虽年代久远，但生长旺盛，枝繁叶茂。村民常三五成群在树下纳凉聊天，谈天说地、谈古论今。

古树编号：13108200434
树种：国槐
科：豆科Leguminosae
属：槐属*Sophora*
拉丁名：*Sophora japonica* L.
树高（m）：15
胸围（cm）：260
树龄：170余年
位置：燕郊镇东吴各庄村村委会办公房前西
（E116°51′32.76″ N39°54′11.59″）

　　三河市燕郊镇东吴各庄村村委会院内有古槐树4株，在东南（"天王槐"13108200436）、西南（"天女槐"13108200437）和办公房前东（"天刚槐"13108200435）、西（"天地槐"13108200434）各一株。

　　据说，明朝时这里没有村庄，只是一片桃园，张、吴、刘、沈、陈五姓人家在这里种植桃树，得名五家庄，后改名东吴各庄。明万历年间在此修建关帝庙，有大殿三间，坐北朝南，并有东西配殿。清嘉庆、道光年间又修了后殿，在殿前又种下两株槐树，树龄约170年。

　　据说，自建村以来，历经数百年该村没有发生过恶性事件。1939年雨水暴涨，从通州坐船一直划到燕郊西门，但东吴各庄村没被水淹，传说古槐有灵性，保佑村民平安无事。因此，村民视古槐为镇村之宝，为古槐起了名字："天王槐""天女槐""天刚槐"和"天地槐"。

古树编号：13108200435

树种：国槐

科：豆科Leguminosae

属：槐属*Sophora*

拉丁名：*Sophora japonica* L.

树高（m）：15

胸围（cm）：260

树龄：170余年

位置：燕郊镇东吴各庄村村委会办公房前东（E1116°51′33.22″　N39°54′11.66″）

古树编号：13108200436

树种：国槐

科：豆科Leguminosae

属：槐属*Sophora*

拉丁名：*Sophora japonica* L.

树高（m）：15

胸围（cm）：260

树龄：400余年

位置：燕郊镇东吴各庄村村委会院东南

（E116°51′32.79″ N39°54′10.73″）

上图从左到右依次为"天女槐"（近处左一）、"天地槐"（远处左二）、"天刚槐"（远处左三）、"天王槐"（近处左四）。

古树编号：13108200437

树种：国槐

科：豆科Leguminosae

属：槐属*Sophora*

拉丁名：*Sophora japonica* L.

树高（m）：15

胸围（cm）：260

树龄：400余年

位置：燕郊镇东吴各庄村村委会院西南

（E116°51′33.38″　N39°54′10.76″）

古树编号：13108200438
树种：国槐
科：豆科Leguminosae
属：槐属*Sophora*
拉丁名：*Sophora japonica* L.
树高（m）：14
胸围（cm）：400
树龄：700余年
位置：燕郊镇马起乏村小学院东
（E116°51′21.35″ N39°56′22.80″）

　　燕郊镇马起乏村小学校园内有三株古槐树，树龄700多年。宋末元初时，此地建有一座关帝庙，庙前栽下三株国槐生长至今。这三株古槐在小学校舍前排成"一"字形，东边（13108200438，下页上图右；13108200439，下页上图中间）两株、西边（13108200440，下页上图左）一株。这三株古槐枝梢相接，浑然一体，遮天蔽日，一片碧绿，使这所小学既显得古朴典雅又生机盎然。盛夏，师生在树下活动，清静凉爽，暑意顿消。

古树编号：13108200439

树种：国槐

科：豆科Leguminosae

属：槐属*Sophora*

拉丁名：*Sophora japonica* L.

树高（m）：13

胸围（cm）：500

树龄：700余年

位置：燕郊镇马起乏村小学院中间

（E116°51′21.99″　N39°56′22.78″）

古树编号：13108200440

树种：国槐

科：豆科Leguminosae

属：槐属*Sophora*

拉丁名：*Sophora japonica* L.

树高（m）：13

胸围（cm）：130

树龄：700余年

位置：燕郊镇马起乏村小学院西

（E116°51′22.46″　N39°56′22.97″）

古树编号：13108200441

树种：香椿

科：楝科Meliaceae

属：香椿属*Toona*

拉丁名：*Toona sinensis* Roem.

树高（m）：25

胸围（cm）：160

树龄：130余年

位置：高楼镇北杨庄村村民院内

（E116°47′20.32″　N40°01′12.77″）

古树编号：13108200442

树种：侧柏

科：柏科Cupressaceae

属：侧柏属*Platycladus*

拉丁名：*Platycladus orientalis*（L.）Franco

树高（m）：16

胸围（cm）：100

树龄：450余年

位置：高楼镇万家庄村村委会院内

（E116°53′04.74″　N39°59′23.92″）

万家庄古柏（一）

古树编号：13108200443

树种：侧柏

科：柏科Cupressaceae

属：侧柏属*Platycladus*

拉丁名：*Platycladus orientalis*（L.）Franco

树高（m）：16

胸围（cm）：105

树龄：450余年

位置：高楼镇万家庄村村委会院内

（E116°53′04.99″　N39°59′23.96″）

万家庄古柏（二）

古树编号：13108200444

树种：国槐

科：豆科Leguminosae

属：槐属*Sophora*

拉丁名：*Sophora japonica* L.

树高（m）：21

胸围（cm）：500

树龄：500余年

位置：高楼镇北黄辛庄村内

（E116°51′29.61″　N40°01′17.27″）

古树编号：13108200445
　　　　　13108200446
树种：侧柏
科：柏科Cupressaceae
属：侧柏属*Platycladus*
拉丁名：*Platycladus orientalis*（L.）Franco
树高（m）：14/14
胸围（cm）：110/160
树龄：400余年
位置：李旗庄镇杜官屯村村民院内
（E116°59′52.61″　N39°59′02.47″）

古树编号：13108200447
树种：国槐
科：豆科Leguminosae
属：槐属*Sophora*
拉丁名：*Sophora japonica* L.
树高（m）：20
胸围（cm）：450
树龄：500余年
位置：黄土庄镇大石庄村内
（E117°06′56.41″　N40°00′34.57″）

　　大石庄古槐树位于三河市黄土庄镇大石庄村东原大庙前，此庙已废，多数古槐也已被毁，现仅存一株。该槐树原有五个枝杈，20世纪50年代末把南、西两个树杈锯掉用于大炼钢铁，现仅存三杈，枝繁叶茂，长势旺盛。

古树编号：13108200448

树种：国槐

科：豆科Leguminosae

属：槐属*Sophora*

拉丁名：*Sophora japonica* L.

树高（m）：16

胸围（cm）：370

树龄：500余年

位置：黄土庄镇尚庄子村村委会门前
（E117°07′12.74″　N40°00′49.08″）

　　黄土庄镇尚庄子村古槐位于村东头原寺庙内。据传，尚庄子村原叫"和尚村"，元朝中期，有两僧人见此地位于山前，环境优美，就在此地建起了一座坐北朝南的大寺庙。寺庙建成后，一些人在庙西定居，人们管此村叫"和尚村"，后因此名不雅，改为"尚庄子村"。建庙时僧人在庙前曾植下4株树，其中2株古柏和1株古槐存活至今，古槐已有500多年的历史。

古树编号：13108200449
　　　　　　13108200450

树种：侧柏

科：柏科Cupressaceae

属：侧柏属Platycladus

拉丁名：*Platycladus orientalis*（L.）Franco

树高（m）：16/16

胸围（cm）：158/160

树龄：500余年

位置：黄土庄镇尚庄子村村委会门前

（E117°07′12.69″　N40°00′49.63″）

古树编号：13108200451

树种：国槐

科：豆科Leguminosae

属：槐属*Sophora*

拉丁名：*Sophora japonica* L.

树高（m）：20

胸围（cm）：230

树龄：110余年

位置：黄土庄镇掘山头村内

（E117°05′49.06″ N40°03′55.84″）

古树编号：13108200452
　　　　　13108200453
树种：国槐
科：豆科Leguminosae
属：槐属*Sophora*
拉丁名：*Sophora japonica* L.
树高（m）：12/12
胸围（cm）：150/150
树龄：400余年
位置：段家岭镇后蒋福山村村委会院内
（E117°09′34.73″　N40°03′15.73″）

　　段家岭镇后蒋福山村村委会院内有2株古槐树，西为主树（13108200452，下图左），东为"儿树"（13108200453，下图右）。原来的树是长在半山坡上，在抗日战争时期，蒋福山地区凭借群山的掩护，成了抗日武装力量开展抗日活动的主战场，是冀东抗日根据地，这两株树也曾经历过战争的洗礼，东边的那株"儿树"上，当年日本鬼子用战刀劈的疤痕仍依稀可见。20世纪80年代，后蒋福山村在东山脚下建村委会，这两株古槐树得以保存。

古树编号：13108200454

树种：油松

科：松科Pinaceae

属：松属*Pinus*

拉丁名：*Pinus tabuliformis* Carr.

树高（m）：11

胸围（cm）：210

树龄：600余年

位置：皇庄镇马大庙村装订厂院内
（E117°07′10.97″　N39°53′53.73″）

　　三河市皇庄镇马大庙村尚存2株古油松树。据村内老人讲，油松为建村时栽种，该村建于明永乐八年（1410年），距今已有600年的历史。此地原为马氏祠堂。油松位于院内北面（下页上图）。

13108200454　13108200455

古树编号：13108200455

树种：油松

科：松科Pinaceae

属：松属*Pinus*

拉丁名：*Pinus tabuliformis* Carr.

树高（m）：11

胸围（cm）：190

树龄：600余年

位置：皇庄镇马大宙村装订厂院内

（E117°07′10.56″　N39°53′53.44″）

古树编号：13108200456
树种：银杏
科：银杏科Ginkgoaceae
属：银杏属*Ginkgo*
拉丁名：*Ginkgo biloba* L.
树高（m）：20
胸围（cm）：1000
树龄：1300余年
位置：新集镇大掠马村村委会院内
（E117°08′42.79″ N39°52′58.96″）

　　大掠马银杏树（俗名白果树）位于新集镇大掠马村村委会院内，此地原是一座庙宇。相传，这株银杏树是唐朝贞观年间一位僧人所植，又传为唐王李世民征东时的大将尉迟恭路经此地时栽植，还有神话传说为李世民征东时路经这里，随手将马鞭插入地中长成。至今已有1300多年，虽历经风雨，此树至今仍枝繁叶茂，浓荫蔽日，粗大的树干中间凹进如裂，犹如两树合为一体，其虬根外露伸向四方，更显此树古朴沧桑。

古树编号：13108200457
树种：国槐
科：豆科Leguminosae
属：槐属*Sophora*
拉丁名：*Sophora japonica* L.
树高（m）：12
胸围（cm）：500
树龄：800余年
位置：新集镇行仁庄村小学院内
（E117°08′35.39″ N39°53′59.20″）

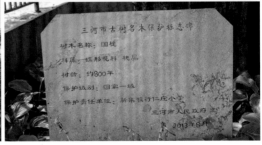

古槐位于三河市新集镇行仁庄村小学院内。现小学校址原为庙宇，庙建于金大定年间（1161—1189年），距今已有800多年的历史。此庙名为大明寺，是一座坐北朝南的两进大殿。寺内树木成荫，香火旺盛，百里村民香客云集。后因一场大火，树木被焚，仅剩这一株古槐。随着岁月流淌，树干中又长出一株高6米多、胸径10厘米的椿树，逐渐枝繁叶茂。古槐不仅枯木逢春，而且锦上添花，成了名副其实的"槐抱椿"。

古树编号：13108200001－13108200432

树种：罐梨、皇冠梨

科：蔷薇科Rosaceae

属：梨属*Pyrus*

拉丁名：*Pyrus bretschneideri* Rehd.

平均树高（m）：4

平均胸围（cm）：113

树龄：197年

位置：燕郊镇大石各庄村

（E116°51′36.41″　N39°54′43.83″）

古梨树群位于三河市燕郊镇大石各庄村，面积0.685公顷，共有古树432株。

大厂回族自治县

统稿：马建军

摄影：张灵泉

供稿：大厂回族自治县自然资源和规划局

大厂回族自治县隶属于廊坊市（以下简称"大厂县"），位于河北省中北部，京津间河北飞地内，总面积176.29平方公里，人口13.07万人（2016年），其中回族2.6万人，占总人口的21%。下辖5个镇，4个社区，101个行政村。县政府驻大厂镇。

大厂县位于潮白河上游，鲍丘河自西向东流贯全县。年平均降水量580.6毫米，年平均气温11.9℃。大厂县地处环渤海经济区和京津都市圈，县政府驻地距北京47.9公里，京秦铁路和102国道横贯县境，先后获得"全国食品工业强县""全国科技进步县""全国民族团结进步先进集体"等荣誉称号。境内文物古迹有大小坨头遗址、大小坨头墓群、北坞清真寺等，有景泰蓝制作技艺、花丝镶嵌制作技艺等非物质文化遗产。

2017年10月，被住建部命名为国家园林县城。2018年度《中国国家旅游》最佳全域旅游目的地。

全县登记古树16株，名木1株，隶属于6科6属7种，分别为国槐、大青杨、圆柏、酸梨、杜梨、榆树和枣树。其中一级古树3株，三级古树13株。

古树编号：13102800001

树种：国槐

科：豆科Leguminosae

属：槐属*Sophora*

拉丁名：*Sophora japonica* L.

树高（m）：15

胸围（cm）：430

树龄：600余年

位置：大厂镇大厂一村清真寺

（E116°59′21.20″　N39°52′53.83″）

　　大厂清真寺内古槐颇为有名，相传古槐植于明永乐八年（1410年），古槐是大厂清真寺的标志和历史见证。

古树编号：13102800002
树种：国槐
科：豆科Leguminosae
属：槐属*Sophora*
拉丁名：*Sophora japonica* L.
树高（m）：20
胸围（cm）：400
树龄：500余年
位置：夏垫镇陈辛庄村清真寺
（E116°56′11.60″　N39°55′04.53″）

　　陈辛庄清真寺古槐原来只是一株树，后其基部又长出一株椿树，故名"槐抱椿"。相传为明代洪武年间建寺时所栽。历尽劫难风雨的古槐，凭着她顽强的生命力和人们精心的呵护，越来越茁壮，树冠越来越大，每天都有鸟儿在树上嬉戏、鸣叫。数百年来，古树庇佑着古寺，见证了小村的沧桑变迁。

槐抱椿

椿抱槐，右侧地心一颗
椿树，两旁丛生四棵花
椿树明洪武三年中曾
波。一说明丹，照今已六百
多年历史，乃百年来历尽
沧桑的古槐。世上过宽心
槐枯树，苗勃惑银，尤
为布掉竹是在古树中央生出
一颗椿树，形成槐抱椿与
古香交闷辉映，成为一景。
为海永历年，公元二零
一四年，为古人及静所的保
林信政善费古树槐相复社
保护。
基套，善政将门古树的保
护志度重槐，拔款以支助，
槐抱椿保护记事。

古树编号：13102800003

树种：国槐

科：豆科Leguminosae

属：槐属*Sophora*

拉丁名：*Sophora japonica* L.

树高（m）：15

胸围（cm）：377

树龄：500余年

位置：夏垫镇北坞四村

（E116°54′04.58″　N39°57′35.38″）

　　有资料记载，北坞四村的大槐树是明嘉靖时期的宫廷太监李仰泉所植，古槐粗壮的躯干、苍郁的树冠见证了李仰泉家族支脉的兴衰和北坞村500多年的风雨沧桑。

古树编号：13102800004

树种：大青杨

科：杨柳科Salicaceae

属：杨属*Populus*

拉丁名：*Populus ussuriensis* Kom.

树高（m）：18

胸围（cm）：280

树龄：60余年

位置：大厂县政府院内

（E116°59′20.52″　N39°53′13.01″）

　　1955年，为纪念大厂建县在县政府大院栽下了这株杨树。如今这株杨树主干高达18米，根部粗1.2米，整个树冠高耸入云，剑指苍天。

古树编号：13102800007

树种：圆柏

科：柏科Cupressaceae

属：圆柏属*Sabina*

拉丁名：*Sabina chinensis*（L.）Ant.

树高（m）：20

胸围（cm）：157

树龄：200余年

位置：大厂镇霍各庄村村委会

（E116°57′54.73″　N39°54′18.14″）

　　据传，霍各庄村古柏自清乾隆年间至20世纪30年代末期，经历了战乱、军阀混战，见证了霍各庄村回汉族群众的互帮互助，共图富裕。

古树编号：13102800009

树种：酸梨

科：蔷薇科Rosaceae

属：梨属*Pyrus*

拉丁名：*Pyrus xerophila* Yü

树高（m）：2.5

胸围（cm）：188

树龄：120余年

位置：邵府镇岗子屯村

（E116°52′22.28″　N39°54′05.81″）

　　120年来，这一排酸梨树就像一队守护者，张开臂膀护佑着勤劳的人民，把盎然的生气和福祉播撒给这里的人们和远方来的客人。树干高2.5米，胸径60厘米，冠径12米左右，宛如撑天巨伞。

古树编号：13102800010

树种：国槐

科：豆科Leguminosae

属：槐属*Sophora*

拉丁名：*Sophora japonica* L.

树高（m）：16

胸径（cm）：170

树龄：100余年

位置：邵府镇太平庄村村委会

（E116°54′49.59″　N39°54′19.02″）

　　太平庄村村委会院内生长着一株百年大槐树。近些年来，为了保护好这株古树，村里派专人维护，定期浇肥培土，使它更加旺盛。

古树编号：13102800011

树种：榆树

科：榆科Ulmaceae

属：榆属*Ulmus*

拉丁名：*Ulmus pumila* L.

树高（m）：12

胸围（cm）：220

树龄：100余年

位置：邵府镇太平庄村西

（E116°54′32.47″　N39°54′14.84″）

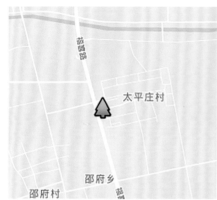

古树编号：13102800012

树种：国槐

科：豆科Leguminosae

属：槐属*Sophora*

拉丁名：*Sophora japonica* L.

树高（m）：15

胸径（cm）：160

树龄：200余年

位置：陈府镇马家庙村

（E117°01′23.64″　N39°49′57.73″）

古树编号：13102800013

树种：国槐

科：豆科Leguminosae

属：槐属*Sophora*

拉丁名：*Sophora japonica* L.

树高（m）：18

胸围（cm）：220

树龄：100余年

位置：陈府镇侯官屯村

（E117°01′36.76″　N39°51′47.08″）

古树编号：13102800017
树种：国槐
科：豆科Leguminosae
属：槐属*Sophora*
拉丁名：*Sophora japonica* L.
树高（m）：14
胸围（cm）：440
树龄：100余年
位置：祁各庄镇窄坡村村委会
（E116°52′20.09″ N39°52′48.77″）

日伪时期，村民曾设计在大槐树下抓了一个掉队的日本兵，并将其押送到谢疃我党地下组织处。该古槐树树干直径140厘米，主干高10余米，树形硕大，树梢直冲云霄，近年来槐树衰老很快，干死权越来越多。

古树编号：13102800019
树种：杜梨
科：蔷薇科Rosaceae
属：梨属*Pyrus*
拉丁名：*Pyrus betulifolia* Bunge
树高（m）：12
胸围（cm）：157
树龄：100余年
位置：祁各庄镇谢疃村村委会
（E116°52′33.57″　N39°53′45.68″）

　　谢疃村习武人多，杜梨树是谢疃村的标志树，大树下曾是村里少年学习的场所，充分体现种树、教书、树人的哲理。

古树编号：13102800022
树种：国槐
科：豆科Leguminosae
属：槐属*Sophora*
拉丁名：*Sophora japonica* L.
树高（m）：15
胸围（cm）：300
树龄：100余年
位置：祁各庄镇小东关村村中
（E116°53′23.13″　N39°51′55.77″）

　　这株古槐，木心外翻，久经风雨腐蚀，临近地面已有一段中空，然而，至今仍绿意盎然，生机勃勃。树干最粗处达100厘米，树冠庞大，宛如擎天巨盖。体型硕大，树干近地面处树皮开裂，开裂的地方形成了一个树洞。

古树编号：13102800023
树种：国槐
科：豆科Leguminosae
属：槐属*Sophora*
拉丁名：*Sophora japonica* L.
树高（m）：18
胸围（cm）：300
树龄：100余年
位置：祁各庄镇小东关村北街
（E116°53′23.05″　N39°51′59.54″）

古树编号：13102800026

树种：国槐

科：豆科Leguminosae

属：槐属Sophora

拉丁名：*Sophora japonica* L.

树高（m）：15

胸围（cm）：200

树龄：100余年

位置：大厂镇霍各庄村

（E116°57′57.93″　N39°54′17.58″）

古树编号：13102800030

树种：枣树

科：鼠李科Rhamnaceae

属：枣属*Ziziphus*

拉丁名：*Ziziphus jujuba* Mill.

树高（m）：5

胸围（cm）：130

树龄：180余年

位置：祁各庄镇亮甲台村村委会

（E116°55′17.91″　N39°52′40.52″）

古树编号：13102800032

树种：国槐

科：豆科Leguminosae

属：槐属*Sophora*

拉丁名：*Sophora japonica* L.

树高（m）：15

胸围（cm）：180

树龄：100余年

位置：祁各庄镇西关村

（E116°52′37.15″　N39°51′09.52″）

香河县

统稿：马建军

摄影：牛宝森

供稿：香河县自然资源和规划局

　　香河县地处华北平原北部，四面与京津接壤，素有"京畿明珠"之美誉。下辖9镇、3个街道办事处、3个省级工业园区、1个省级农业高新技术园区，共300个行政村，总面积458平方公里，总人口35万人，综合经济实力位居廊坊市前三甲、河北省第十二强，是首都经济圈乃至环渤海经济圈中最具活力和发展潜力的黄金板块。

　　香河县历史文化悠久。古称淑阳郡，其建制远溯辽宋，辽太宗在此设淑阳郡，迄今已有1000多年的历史。曾诞生京剧名家郝寿臣、武术大师张策、学界泰斗张中行等誉满华夏的名师大家，解放战争时期轰动中外的"安平事件"就发生在县域所辖安平镇。

　　香河县自然生态优美宜人。全县域通过了ISO14001国际环境管理体系认证和ISO14000国家示范区验收，森林覆盖率达33.8%，全年空气质量二级以上天数超过330天。拥有潮白河、北运河、引沟入潮河、青龙湾河四条主要河流水系，常年流水不断，两岸绿树成林，形成都市之间难得的天然氧吧和城市绿肺。

　　全县登记古树14株，名木1株，隶属于5科5属5种，分别为银杏、国槐、楸树、旱柳和白皮松。其中一级古树4株，二级古树8株，三级古树2株。

古树编号：13113200001
树种：银杏
科：银杏科Ginkgoaceae
属：银杏属*Ginkgo*
拉丁名：*Ginkgo biloba* L.
树高（m）：22
胸围（cm）：420
树龄：500余年
位置：五百户镇香城屯村小学
（E117°02′59.03″　N39°40′16.74″）

　　香城银杏树，在香城屯村小学门外西北，由根部一分为二，形成南北两株，南株直径1.6米，北株直径1.06米，树高22米，枝干遒劲，枝叶茂盛，浓荫罩地，约亩许。据考，此树当为明洪武年间所栽，太祖朱元璋特别崇尚五行，燕王朱棣亦如此，他所行之处，特别喜欢种树，到香河县香城屯驻扎期间，因为思念其母亲孝慈皇后，在行营外面栽下了这两株银杏树。

古树编号：13113200002
树种：楸树
科：紫葳科Bignoniaceae
属：梓属*Catalpa*
拉丁名：*Catalpa bungei* C. A. Mey
树高（m）：15
胸围（cm）：450
树龄：300余年
位置：渠口镇戴家阁村
（E117°09′10.75″　N39°44′51.73″）

　　戴家阁古楸树生长在原戴家阁小学院内，树高15米左右，树龄300余年，绿意盎然。戴家阁村始建于东汉年间，因为村民大多姓戴，村名"戴家村"。北魏年间，村北建观音阁一座，供奉千手观音，村名因此改称"戴家阁"。中华人民共和国成立前后，戴家阁观音阁改为戴家阁小学，千年古刹变为儿童咿呀的课堂，只有古楸树被完好地保存下来。1962年，一株古楸树被大风吹倒，另一株依然健在，笑看人间的秋月春风。

古树编号：13113200003
树种：国槐
科：豆科Leguminosae
属：槐属*Sophora*
拉丁名：*Sophora japonica* L.
树高（m）：12
胸围（cm）：310
树龄：600余年
位置：安平镇王指挥庄王振鹤家门口
（E116°55′12.90″　N39°45′03.58″）

　　永乐皇帝朱棣，为明朝开国皇帝四子，洪武十三年（1380年）朱元璋命燕王朱棣返回自己的封地北平。河北一带均为其属地，经过战乱之后，土地荒芜，人烟稀少。燕王遂每到一地，就命手下将领广为植树，成为绿化造林的先锋。

古树编号：13113200004

树种：国槐

科：豆科Leguminosae

属：槐属*Sophora*

拉丁名：*Sophora japonica* L.

树高（m）：12

胸围（cm）：235

树龄：300余年

位置：安平镇枳根城村村委会附近

（E116°54′54.58″　N39°45′03.76″）

　　枳根，学名拐枣，俗名酸枣棵子。枳根城村是安平镇的一个自然村。建村于清康熙年间，周围是一圈土岗子，上面长满了酸枣棵子，像一道天然屏障，只有村口一条路与外界相通。据传，康熙五十年（1711年），康熙口谕：驿路可以栽树，一时间驿路两边开始栽树。枳根城远离驿路，村子又是建成不久，树甚少，有村民特地到驿站，求来一株槐树，把它栽到村前街道上。枳根城古槐和县内其他古槐相比，树况不是很好。枳根城古槐抵抗了几百年岁月的洗礼，依然活着，也实属不易。

古树编号：13113200005
树种：国槐
科：豆科Leguminosae
属：槐属*Sophora*
拉丁名：*Sophora japonica* L.
树高（m）：12
胸围（cm）：225
树龄：300余年
位置：五百户镇前马房村村委会
（E117°00′15.21″　N39°41′30.41″）

　　前马房村老槐树，树高12米，枝繁叶茂。前马房村原是元朝时的养马房，后来安氏一族随燕王朱棣扫北而来，到此置产立庄，安家立业。据传说，后代安柱为纪念其新婚大喜，在院中栽下此树纪念。

古树编号：13113200006

树种：国槐

科：豆科Leguminosae

属：槐属*Sophora*

拉丁名：*Sophora japonica* L.

树高（m）：11

胸围（cm）：430

树龄：800余年

位置：五百户镇南周庄村高仕忠家东侧

（E117°02′40.27″　N39°39′27.00″）

　　南周庄村高仕忠家门口东侧，有株古槐，虬根裸露，根上有一洞。整株古槐身姿挺拔，像个威武的守门将军。树龄800年左右。向东伸出的一条树干有雷击痕。此树植于金卫绍王执政时期。明宣德二年（1427年），周能经兵部引奏，钦调营州前屯卫（卫所香河县城内），任指挥使。周能到任之后，到所辖五所巡查了一番，相中了南周庄的这株大槐树，于是就在大槐树下建造一所宅院，把家眷安顿于此。周府传到周家漠，已12代。清朝皇帝顺治，因为周府在先，故此庄以周庄命名。

古树编号：13113200007

树种：国槐

科：豆科Leguminosae

属：槐属*Sophora*

拉丁名：*Sophora japonica* L.

树高（m）：14

胸围（cm）：200

树龄：260余年

位置：五百户镇于辛庄村

（E117°02′57.91″　N39°41′02.57″）

　　于辛庄古槐位于于辛庄村路东侧。一侧树干向村西南弯曲，另一侧树干直立向天，成弯弓射天状。考其树龄，当在260年左右，为于辛庄建村之初所栽。于辛庄建村于清乾隆年间。于辛庄虽为新庄，但古迹甚多，村西南为栖隐寺，寺前有古塔，为栖隐寺古塔，为辽圣宗敕建，清康熙六十一年（1722年）重修。栖隐寺毁于1954年，古塔毁于1976年地震。村北为古墓群，民国期间，曾掘出古墓，出土大量五铢钱、铜印章一、篆文"鲜于谅"。

古树编号：13113200008

树种：国槐

科：豆科Leguminosae

属：槐属*Sophora*

拉丁名：*Sophora japonica* L.

树高（m）：20

胸围（cm）：260

树龄：350余年

位置：五百户镇霍刘赵村

（E117°03′30.61″ N39°39′08.70″）

准确来说，霍刘赵古槐应称为霍辛庄古槐，当初它是栽在霍家祠堂门口的，如今的霍家祠堂在中华人民共和国建国初年改为霍刘赵小学。据本村关帝庙钟文记载，明永乐十八年（1420年），霍姓在此落户建村，村名"霍家辛庄。"清初，杨、贾、黄、韩等十二户，在霍辛庄村西落户，因系神机马房刘家佃户，故取名"刘庄"。又有孙、朱、雷等户从山东逃荒至霍辛庄村东北二里处落户，为下伍旗赵家佃户，得名"赵庄"。中华人民共和国成立后，三个自然村合并取名霍刘赵。清康熙元年（1662年）4月，霍辛庄起会，会首霍老头组织花会工作人员及演员在村祠堂开会，研究起会事宜并且在祠堂前栽下一株槐树，然后进关帝庙拈香祝愿。

古树编号：13113200009
树种：国槐
科：豆科Leguminosae
属：槐属*Sophora*
拉丁名：*Sophora japonica* L.
树高（m）：15
胸围（cm）：420
树龄：800余年
位置：安头屯镇韩营庄村
（E117°04′20.69″ N39°42′35.64″）

　　韩营庄古槐历经了八百年风雨飘摇，依然枝繁叶茂，生意盎然。据说这株古槐还颇有来历。韩营庄唐代始称"营庄"。山东人韩子楚随父母逃难，在香河县营庄定居。后韩子楚蒙冤，香河县人县丞王蔚为其申冤，韩子楚怀着感恩之心，在宅院前面栽此槐树，嘱咐家人一定要好好管理："这是我为恩人王县丞栽下的长命树，你们一定要好好照看，如果砍下一枝一杈，就等于砍下我的胳膊和大腿。"韩子楚的家训在营庄村也代代相传，营庄村有了韩姓，改名叫韩营庄也传到了现在。

古树编号：13113200010

树种：国槐

科：豆科Leguminosae

属：槐属*Sophora*

拉丁名：*Sophora japonica* L.

树高（m）：13

胸围（cm）：340

树龄：600余年

位置：安头屯镇铁佛堂村小学院内

（E117°04′06.12″　N39°43′29.34″）

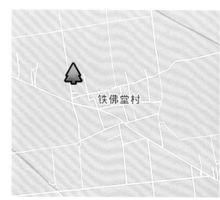

　　铁佛堂古槐位于铁佛堂村小学院内，其势犹如蜿蜒腾空的巨龙。据说是明洪武年间燕王朱棣扫北时所栽。铁佛堂是香河县最古老的村落之一，未有香河县，先有铁佛堂。据传，东汉中叶，大水漂来铁佛一座，停留在村西口，村民以天降祥瑞。大水退后，遂集资为铁佛兴建佛寺一座，名为"兴济寺"，香火甚旺。村遂得名铁佛堂。寺内建钟楼一座，钟声洪亮，一敲就发出"铁佛一堂，铁一佛一堂"的声音，传之甚远。此事《皇畿一览志》《香河县志》《东光县志》均有记载。燕王扫北时，听说铁佛灵异，驻节香河，特意到铁佛堂兴济寺瞻仰铁佛，并栽下此槐，以示纪念。

古树编号：13113200011
　　　　　13113200012
树种：国槐
科：豆科Leguminosae
属：槐属*Sophora*
拉丁名：*Sophora japonica* L.
树高（m）：12/12
胸围（cm）：210/205
树龄：300余年
位置：渠口镇店子务村
（E117°06′27.16″　N39°45′44.52″）

　　店子务古槐位于香河县渠口镇店子务村村北，香宝公路南侧，为古驿路上古槐的遗存者，至今已经有300余年。20世纪80年代其中一株曾遭雷击，但至今仍有旺盛的生命力。两株大树是一段历史的见证者。在抗日战争时期，侵华日军在离两株大树不远的崔家大院制造了骇人听闻的"店子务惨案"。这次大屠杀，有67人遇难，40人受伤。"店子务惨案"的发生，激起了香河人民的极大义愤和更坚定的抗击侵略的决心，最终战胜了侵略者。

古树编号：13113200013

树种：国槐

科：豆科Leguminosae

属：槐属*Sophora*

拉丁名：*Sophora japonica* L.

树高（m）：18

胸围（cm）：260

树龄：300余年

位置：蒋辛屯镇政府院内

（E116°59′31.70″　N39°49′31.62″）

蒋辛屯古槐在蒋辛屯镇政府大院内，高18米左右，主干粗壮，浓荫遮地。开花时节，清香笼罩了整个政府大院。据考，此宅为香河名士王体乾之故居。其后人世居此宅，为了铭记其祖之教化，于康熙十四年（1675年）植下此槐。时香河县令刘森正续修《香河县志》，志内对王氏家族大加旌扬。清末民初，香河县马房顶人周文山和沙务（后划归通县）人孟继康一同创造了水果糖，一时老茂生糖坊、华记糖坊红遍大江南北。孟氏的一支亦于此时入住蒋辛屯王氏故居。现为蒋辛屯镇政府所在地。经过镇政府的精心保护，老槐树呈现出蓬勃的生机。

古树编号：13113200014

树种：白皮松

科：松科Pinaceae

属：松属*Pinus*

拉丁名：*Pinus bungeana* Zucc. ex Endl.

树高（m）：4

胸围（cm）：47

树龄：50余年

位置：香河县第三中学

（E116°59'42.09″　N39°45'46.37″）

　　香河县第三中学校园内的白皮松，是于2009年3月29日栽植的。是时任河北省省长胡春华陪同时任中共中央政治局委员、国务委员刘延东，教育部部长周济，教育部副部长陈希，全国绿化委员会副主任、国家林业局局长贾治邦一行来香河启动"弘扬生态文明，共建绿色校园"活动亲手植下的，也栽下了他们对香河一中（现三中是原一中旧址）的良好祝愿。

古树编号：13113200015

树种：旱柳

科：杨柳科Salicaceae

属：柳属*Salix*

拉丁名：*Salix matsudana* Koidz.

树高（m）：9

胸围（cm）：204

树龄：100余年

位置：五百户镇南蔡庄村青龙湾河滩

（E116°59′52.18″　N39°39′23.08″）

　　蔡庄村南，青龙湾河北岸，有一行古柳，像一队精神矍铄的老人，阅尽了百年沧桑。光绪末年，青龙湾河进行一次清淤，弃土分别堆砌在河的两岸。南蔡庄的孩子常在古渡附近玩耍，偶然将柳枝插在岸边，几年后蔚然成林，成了青龙湾河谷的一道风景。

固安县

统稿：王引第

摄影：李永志　冯文普

供稿：李永志

固安县地处华北平原北部，京津保三角腹地。东与永清县相连，西与保定的涿州市、高碑店市相邻，南与霸州市、雄安新区接壤，北隔永定河，与北京市大兴区相望。固安县辖9个乡镇、1个省级园区，419个行政村，2018年底总人口为52万人。

固安古称方城，历史悠久，文脉绵长，拥有3000多年文明史，历史上一直是著名的富庶之地。特殊的政治、经济、地理环境，使得不同类别、不同起源的文化经过长期的碰撞、融合，衍生了丰厚的物质和非物质文化遗产。屈家营古乐、小冯村古乐、官庄诗赋弦、刘凌沧郭慕熙艺术馆、礼让店钓具、固安柳编、焦氏脸谱等，或历史底蕴深厚，或文化特色鲜明；督亢亭遗址、黄金台遗址、孙膑墓遗址、李牧将台遗址、迷魂阵遗址、东岳行宫、李公祠、张华故里、于成龙墓等古迹遍布境内。

走进固安县滨河生态运动公园，宛如行走在画卷中。截至2018年，该县森林覆盖率为32.5%，绿化覆盖率达38.4%，人均公园绿地面积达14.43平方米，形成了广阔的城市"绿肺"。

全县登记古树15株，隶属于6科6属6种，为国槐、枣树、榆树、桑树、柏树、梨树。其中一级古树1株，二级古树6株，三级古树8株。古梨树群3处，共计848株，均为三级古树。

古树编号：13102200001

树种：国槐

科：豆科Leguminosae

属：槐属*Sophora*

拉丁名：*Sophora japonica* L.

树高（m）：18

胸围（cm）：140

树龄：450年

位置：柳泉镇北辛街村孙俊成家院内

（E116°19′14.05″　N39°22′06.75″）

　　此株槐树位于柳泉镇北辛街村孙俊成家院内，老槐树生长良好，每年都生长出新枝。1984年，因失火，古槐树根部有一块树皮被烧毁。

古树编号：13102200002

树种：枣树

科：鼠李科Rhamnaceae

属：枣属*Ziziphus*

拉丁名：*Ziziphus jujuba* Mill.

树高（m）：5

胸围（cm）：110

树龄：430余年

位置：柳泉镇北辛街村孙俊成家院内

（E116°19′07.67″　N39°22′15.95″）

　　此枣树位于柳泉镇北辛街村孙俊成家院内，这是一个老宅子，孙家祖祖辈辈住在这里。枣树也成了孙家的镇宅之宝。老枣树每年都能出产大枣两大筐头，足有七八十斤，为孙俊成一家带了甘甜。

古树编号：13102200003

树种：国槐

科：豆科Leguminosae

属：槐属*Sophora*

拉丁名：*Sophora japonica* L.

树高（m）：8

胸围（cm）：160

树龄：110余年

位置：柳泉镇北程村商凤举家院内

（E116°17′27.83″　N39°21′05.82″）

　　此株槐树位于柳泉镇北程村商凤举家院内，过去老槐树上挂一块犁铧作为集合钟，大跃进时商凤举家曾是生产队大食堂，当时生产队集合派工、开会、开饭都要敲钟，钟声一响人们集聚于此。

古树编号：13102200004

树种：枣树

科：鼠李科Rhamnaceae

属：枣属*Ziziphus*

拉丁名：*Ziziphus jujuba* Mill.

树高（m）：5

胸围（cm）：80

树龄：110余年

位置：柳泉镇无为村张万朋家院墙外

（E116°18′14.14″　N39°19′56.13″）

　　老枣树生长在张万朋家院墙外西北角老宅后院的外院大门口路边上。据主人介绍，过去一直生长良好，树帽并不大，树冠很苍老，就像一尊老翁站在街口向人们讲述着村里的历史变迁。

古树编号：13102200005
树种：榆树
科：榆科Ulmaceae
属：榆属*Ulmus*
拉丁名：*Ulmus pumila* L.
树高（m）：15
胸围（cm）：250
树龄：300余年
位置：宫村镇宫村二村
（E116°10′20.84″　N39°28′16.10″）

　　老榆树的主人冯泊，今年61岁。据冯泊说这里是冯家的老宅基地，自从清朝初年就在此居住了。该地位于大清河东，有水路码头，多有商贾来往，发展较快，成为人们物资文化交流的重要之地，故称宫（指文娱场所）村。

古树编号：13102200006

树种：桑树

科：桑科Moraceae

属：桑属*Morus*

拉丁名：*Morus alba* L.

树高（m）：16

胸围（cm）：220

树龄：380余年

位置：马庄镇杨家圈村宁正文家院内
（E116°14′20.66″　N39°11′49.08″）

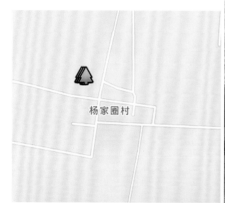

　　杨家圈村历史悠久。据史料记载，公元263年，魏国将军杨秋之孙会同魏国五路大军灭蜀，然后携兵士家眷来到成都诸葛亮故居，于诸葛亮茅屋前代杨秋祭拜诸葛亮和他留下的桑林，以了却祖上心愿。直到建立西晋，杨家人奉旨北归，带回桑树8株，定居方城（今固安县），于明朝末年在现在的杨家圈建村，故以姓氏取村名"杨家圈村"。380多年以来，村民一直沿袭着种桑树、采桑葚的习俗。杨家圈村的"桑梓文化"具有鲜明的时代性和历史感。

古树编号：13102200007

树种：桑树

科：桑科Moraceae

属：桑属*Morus*

拉丁名：*Morus alba* L.

树高（m）：15

胸围（cm）：200

树龄：200余年

位置：马庄镇杨家圈村魏树良家外跨院内

（E116°14′18.17″　N39°11′52.50″）

杨家圈村

百年古桑

树　名：桑树

属　性：桑科桑属

等　级：桑园古镇一级保护树木

简　介：桑树为落叶乔木或灌木，高可达
　　　　15米；雌雄异株，果熟期5-6月
　　　　桑椹可供食用、酿酒，叶、果和根
　　　　皮可入药，价值极高。此树经专家
　　　　鉴定约有200余年历史。

固安县马庄镇人民政府
二零一七年八月

古树编号：13102200008

树种：桑树

科：桑科Moraceae

属：桑属*Morus*

拉丁名：*Morus alba* L.

树高（m）：15

胸围（cm）：230

树龄：300余年

位置：马庄镇杨家圈村魏树良家院内

（E116°14′18.48″　N39°11′52.77″）

古树编号：13102200009
树种：枣树
科：鼠李科Rhamnaceae
属：枣属*Ziziphus*
拉丁名：*Ziziphus jujuba* Mill.
树高（m）：10
胸围（cm）：200
树龄：300余年
位置：马庄镇马庄南村郭玉泉家院墙外东侧
（E116°15′17.45″ N39°11′17.44″）

　　《固安县志》记载，马庄南村系古村，始建于元朝。此地修建真武庙，马氏迁居于庙西北处建村，以姓氏取名"小马庄"。明初又迁来多户，遂改名为"马庄"。郭家居住在马庄马南村中街偏南。老枣树生长在郭家老宅院墙外东侧，离院墙不足一米远。过去一直生长良好。树冠荫蔽半径约六七米。树身苍老，就像一尊老翁站立街头向人们诉说着马庄南村历史的沧桑。

古树编号：13102200010

树种：国槐

科：豆科Leguminosae

属：槐属*Sophora*

拉丁名：*Sophora japonica* L.

树高（m）：18

胸围（cm）：290

树龄：100余年

位置：马庄镇朱铺头村村南

（E116°15′37.22″　N39°08′47.75″）

据朱铺头村村民王定国介绍，据说古槐树是老一辈栽种的，生长茂盛，有百余年历史了。

古树编号：13102200011

树种：国槐

科：豆科Leguminosae

属：槐属Sophora

拉丁名：Sophora japonica L.

树高（m）：15

胸围（cm）：160

树龄：260余年

位置：牛驼镇中所营村村街

（E116°21′16.02″ N39°17′38.02″）

　　此株老槐位于牛驼镇中所营村村街，生产队期间，这里是社员们集合上工和村里开社员大会的地点。树上挂着一块犁铧片，敲打起来清脆响亮，全村人都能听到，听到"钟"声后，村民立即来老槐树下集合。

古树编号：13102200012
树种：国槐
科：豆科Leguminosae
属：槐属*Sophora*
拉丁名：*Sophora japonica* L.
树高（m）：11
胸围（cm）：190
树龄：160余年
位置：牛驼镇田马坊村任洪庆房后墙外
（E116°20′32.54″　N39°16′49.27″）

　　位于牛驼镇田马坊村任洪庆房后墙外西北角。生产队期间，这里是社员们集合上工和村里开社员大会的地点。树上挂着一个水车齿轮子当钟用，拿一个耙齿当敲钟槌，敲完把耙齿插到齿轮孔里。村民听到"钟"声后，立即来老槐树下集合。

古树编号：13102200013

树种：侧柏

科：柏科Cupressaceae

属：侧柏属Platycladus

拉丁名：*Platycladus orientalis*（L.）Franco

树高（m）：13

胸围（cm）：298

树龄：1000余年

位置：牛驼镇北赵各庄村学校院内
（E116°22′45.23″ N39°18′06.11″）

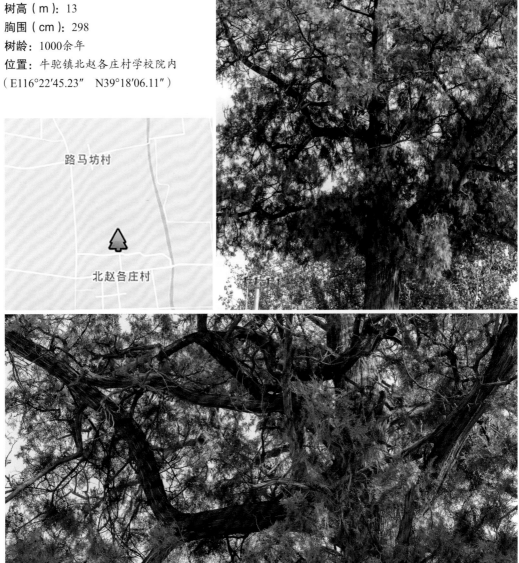

　　北赵各庄村这株柏树人称千年古柏。据村民张宝江介绍，古柏生长的地方1949年以前是大庙。据说原来有两株柏树，其中更粗更大那株，给大庙主持老和尚做了棺材。过去的这座大庙是十里八村间最大的庙堂，香客众多，香火旺盛，庙院的最后边是大殿，大庙总占地约十几亩。1949年以后庙堂改为学校，后来学校又改扩建成现在的新学校。古柏生长良好，枝叶茂盛，可惜被大风刮断了一个大树杈。大树旁边有一口砖井，每年可给古柏浇几次水。

古树编号：13102200014

树种：国槐

科：豆科Leguminosae

属：槐属*Sophora*

拉丁名：*Sophora japonica* L.

树高（m）：10

胸围（cm）：168

树龄：280余年

位置：东湾乡半截塔村刘海涛家房屋北面

（E116°10′54.93″　N39°22′28.63″）

　　此株槐树位于东湾乡半截塔村刘海涛家房屋北面，临街南侧，生产队时老槐树下是人们集合、派工、开会的地方，树上挂着块铁板，到点敲钟集合。

古树编号：13102200015

树种：国槐

科：豆科Leguminosae

属：槐属*Sophora*

拉丁名：*Sophora japonica* L.

树高（m）：16

胸围（cm）：120

树龄：130余年

位置：东湾乡何皮营村任克明家老房子北面

（E116°10′33.70″　N39°22′59.74″）

　　此株槐树位于东湾乡何皮营村任克明家老房子北面，临街南侧。老槐树枝繁叶茂，生长旺盛，树身挺拔，树冠荫庇二三百平方米，给人们纳凉消暑提供了良好环境。每到夏天人们聚集到老槐树下，拉家常、讲故事，谈笑风生，一派和谐景象。

古树编号：Q13102200001-Q13102200008
树种：梨树
科：蔷薇科Rosaceae
属：梨属*Pyrus*
拉丁名：*Pyrus betulifolia* Bunge
树高（m）：5
平均胸围（cm）：110
平均树龄：230余年
位置：柳泉镇北义厚村西北
（E116°19′02.06″　N39°21′01.48″）

　　此梨树群位于柳泉镇北义厚村，共8株，为村集体所有，改革开放联产承包时分包给了农户。

古树编号：Q13102200009-Q13102200368

树种：梨树

科：蔷薇科Rosaceae

属：梨属 *Pyrus*

拉丁名：*Pyrus betulifolia* Bunge

平均树高（m）：5

平均胸围（cm）：110

树龄：230余年

位置：柳泉镇北义厚村西北

（E116°18′59.90″ N39°21′01.02″）

此梨树群位于柳泉镇北义厚村，共359株，为村集体所有，改革开放联产承包时分包给了农户。

古树号：Q13102200369-Q13102200848
树种：梨树
科：蔷薇科Rosaceae
属：梨属*Pyrus*
拉丁名：*Pyrus betulifolia* Bunge
平均树高（m）：5
平均胸围（cm）：110
树龄：230余年
位置：柳泉镇北义厚村西北
（E116°18′56.07″　N39°21′03.76″）

　　此梨树群位于柳泉镇北义厚村，共479株，为村集体所有，改革开放联产承包时分包给了农户。

永清县

统稿：王引第

摄影：历文中

供稿：永清县自然资源和规划局

　　永清县位于河北中部，京津保三角地带中心，地处京畿重地、环渤海经济圈腹地，北距北京60多公里，东距天津60公里，距首都机场80公里，距天津新港100公里。永清县总面积776平方公里，辖10个乡镇，1个省级开发区，386个行政村，人口41万。

　　永清县历史文化悠久。历史上曾发生韩信受降、杨业筑台、乾隆制诗等史实轶事。在宋辽战争时期，永清作为宋辽双方的殿脱之地（交战的缓冲地带），保存了大量的文物古迹和历史传说，形成了独具特色的宋辽战争文化。境内有宋辽古战道，有宋将孟良墓地——横亭镇遗址、宋军阵亡将士埋葬地遗址——千人墓以及与杨家将故事有关的磨齿地迷魂阵、狼城寨遗址、六郎台等。此外，境内还保存着唐代石碑、宋代汉军台、辽代白塔、洪觉禅寺碑、翰林故居、清乾隆的御制诗碑和回龙亭等多处文物古迹。

　　金秋时节，永清县廊霸公路两旁的4000余亩银杏林披上了金色的外衣，吸引了众多游客前来观赏。多年来，永清县以绿色屏障建设为着力点，持续加强生态环境建设，全县森林覆盖率达43%，优美的生态环境成为该县一张靓丽名片。

　　全县登记古树39株，隶属于6科7属8种，分别为国槐、加杨、柳树、榆树、侧柏、圆柏、大青杨和枣树。其中一级古树3株，二级古树7株，三级古树29株。

古树编号：13102300001
树种：国槐
科：豆科Leguminosae
属：槐属*Sophora*
拉丁名：*Sophora japonica* L.
树高（m）：12
胸围（cm）：200
树龄：454年
位置：永清镇三堡村老政府对面
（E116°29′36.76″ N39°19′14.11″）

　　据说此槐为明朝嘉靖四十三年（1564年）所植。1985年，日中友好访华团至此，其中有曾侵略于此的日本人见到此槐尚在，面带愧疚，当即行礼，并口中念有赎罪忏悔之词。此古槐是历史的佐证，永昭后世，警钟长鸣。

古树编号：13102300002

树种：加杨

科：杨柳科Salicaceae

属：杨属*Populus*

拉丁名：*Populus × canadensis* Moench

树高（m）：20

胸围（cm）：200

树龄：100余年

位置：永清镇朱家坟村朱家坟地

（E116°29′26.51″　N39°19′08.59″）

自朱家有祖坟以来就有这株杨树，存活至今。

古树编号：13102300003

树种：国槐

科：豆科Leguminosae

属：槐属*Sophora*

拉丁名：*Sophora japonica* L.

树高（m）：18

胸围（cm）：210

树龄：100余年

位置：永清镇东塔巷村东塔街

（E116°30′28.82″　N39°19′02.92″）

　　此株槐树位于永清镇东塔巷村东塔街中间路北，据八十多岁的老人介绍，小时候就有这株树，直到现在这株树依然存活并被保护。

古树编号：13102300004

树种：国槐

科：豆科Leguminosae

属：槐属*Sophora*

拉丁名：*Sophora japonica* L.

树高（m）：10

胸围（cm）：360

树龄：600余年

位置：里澜城镇大刘庄村村北

（E116°36′33.84″　N39°14′58.39″）

此株槐树位于里澜城镇大刘庄村村北，为明朝所栽，历经沧桑，仍巍然屹立。

古树编号：13102300005

树种：枣树

科：鼠李科Rhamnaceae

属：枣属*Ziziphus*

拉丁名：*Ziziphus jujuba* Mill.

树高（m）：20

胸围（cm）：150

树龄：300余年

位置：里澜城镇北五道口村高玉杰家院内

（E116°42′24.22″　N39°13′33.68″）

此树坐落在高玉杰家院内，至今已有300余年的历史。树冠茂盛，至今保护良好。

古树编号：13102300006

树种：国槐

科：豆科Leguminosae

属：槐属*Sophora*

拉丁名：*Sophora japonica* L.

树高（m）：15

胸围（cm）：180

树龄：100余年

位置：里澜城镇崔家铺村村东口

（E116°38′14.25″　N39°14′22.98″）

　　此株槐树位于里澜城镇崔家铺村村东口，枝繁叶茂，枝干粗壮，长势旺盛，树体呈倾斜状，好似在为人们遮风挡雨。

古树编号：13102300007

树种：柳树

科：杨柳科Salicaceae

属：柳属*Salix*

拉丁名：*Salix babylonica* L.

树高（m）：14

胸围（cm）：290

树龄：100余年

位置：里澜城镇七堡村村北口

（E116°40′28.01″　N39°13′14.44″）

　　此株柳树位于里澜城镇七堡村村北口永定河古堤上，在日本进关时期修堤建公路时就有此树。据传说为周姓人氏在此摆渡期间所栽。

古树编号：13102300008
树种：国槐
科：豆科Leguminosae
属：槐属*Sophora*
拉丁名：*Sophora japonica* L.
树高（m）：15
胸围（cm）：200
树龄：120余年
位置：里澜城镇里澜城村公园内
（E116°43′38.38″　N39°11′58.30″）

　　此株槐树位于里澜城镇里澜城村公园内，炎炎夏日，人们坐在树下纳凉，古槐给人们带来丝丝凉意。

古树编号：13102300009
树种：榆树
科：榆科Ulmaceae
属：榆属*Ulmus*
拉丁名：*Ulmus pumila* L.
树高（m）：16
胸围（cm）：90
树龄：280余年
位置：曹家务乡张庄子村南活动中心
（E116°28′07.78″　N39°26′33.72″）

　　明朝末年朝廷武将张道安因年岁已高，欲携带妻子寻一块风水宝地，享受田园生活，后经一道人指点，来到永定河畔，即现今的张庄子村定居，他就是张庄村张氏家族的祖先。张庄子村也称"金鸡张庄"，据传那位道士指地，言道：此地为金鸡地也。凡在此居住者有金鸡送福的好运。果真那时起此地有白色的沙滩，绿油油的田野，河道稳定，树木成荫，男耕女织，丰衣足食，好一派田园风光。对于金鸡的出处道士闭口不言，故众口一词称金鸡张庄。

　　张庄子村史称金鸡之地，受到龙的庇佑，村东有一眼泉水，人称"龙泉"，龙泉之水清澈甘甜。大旱之年，泉眼水流不断，其中一眼呈现圆形井盘，据传说是祖先张道安随身携带的镯子。此处也为张道安之墓，墓旁有榆树一株，为张氏后人所栽，估测古树有300余年，南看似龙，北望如凤，人称龙凤呈祥。

古树编号：13102300010

树种：侧柏

科：柏科Cupressaceae

属：侧柏属*Platycladus*

拉丁名：*Platycladus orientalis*（L.）Franco

树高（m）：10

胸围（cm）：90

树龄：150余年

位置：曹家务乡南小营村村委会院内

（E116°28′08.14″ N39°23′19.77″）

　　据说是原来本村李氏大户人家所植，中华人民共和国成立后，李家把其出让给村委会使用，此树也被保存下来，现仍在村委会院内。

古树编号：13102300011

树种：圆柏

科：柏科Cupressaceae

属：圆柏属*Sabina*

拉丁名：*Sabina chinensis*（L.）Ant.

树高（m）：16

胸围（cm）：130

树龄：118年

位置：曹家务乡北大王庄村中心街

（E116°28′16.29″ N39°22′46.10″）

　　此株柏树为八国联军侵略中国时所栽。它见证了那个枪林弹雨的时代，现今依然挺拔，诉说着历史的变迁。

古树编号：13102300012

树种：国槐

科：豆科Leguminosae

属：槐属Sophora

拉丁名：Sophora japonica L.

树高（m）：10

胸围（cm）：180

树龄：105年

位置：曹家务乡曹家务村乡政府院内

（E116°31′10.15″　N39°24′07.33″）

此株槐树生长位置原先在一马姓地主家门口，后改建为乡政府，见证着乡政府的历史变迁。

古树编号：13102300013

树种：国槐

科：豆科Leguminosae

属：槐属Sophora

拉丁名：Sophora japonica L.

树高（m）：10

胸围（cm）：180

树龄：105年

位置：曹家务乡曹家务村乡政府院内

（E116°31′10.15″　N39°24′07.33″）

此株槐树生长位置原先为一马姓地主家门口，后改建为乡政府，见证着乡政府的历史变迁。

古树编号：13102300014
树种：国槐
科：豆科Leguminosae
属：槐属Sophora
拉丁名：Sophora japonica L.
树高（m）：15
胸围（cm）：200
树龄：300余年
位置：刘街乡李家口村村中心街
（E116°29′26.90″　N39°11′35.68″）

　　刘街乡李家口村村中心街有古槐树5株（13102300014～13102300018），均为明末清初栽植，树龄已300余年。1956年，被河北省命名为古树。传说，清康熙年间，洪水泛滥，水漫其村，民房无存，难民以此槐树树梢为标识，得以还家。

古树编号：13102300015
树种：国槐
科：豆科Leguminosae
属：槐属*Sophora*
拉丁名：*Sophora japonica* L.
树高（m）：15
胸围（cm）：190
树龄：300余年
位置：刘街乡李家口村村中心街
（E116°29′26.93″　N39°11′35.27″）

古树编号：13102300016

树种：国槐

科：豆科Leguminosae

属：槐属*Sophora*

拉丁名：*Sophora japonica* L.

树高（m）：15

胸围（cm）：195

树龄：300余年

位置：刘街乡李家口村村中心街

（E116°29′26.65″　N39°11′34.78″）

古树编号：13102300017

树种：国槐

科：豆科Leguminosae

属：槐属*Sophora*

拉丁名：*Sophora japonica* L.

树高（m）：15

胸围（cm）：185

树龄：300余年

位置：刘街乡李家口村村中心街

（E116°29′26.84″　N39°11′34.28″）

古树编号：13102300018

树种：国槐

科：豆科Leguminosae

属：槐属*Sophora*

拉丁名：*Sophora japonica* L.

树高（m）：15

胸围（cm）：205

树龄：300余年

位置：刘街乡李家口村村中心街

（E116°29′26.74″　N39°11′33.68″）

古树编号：13102300019

树种：国槐

科：豆科Leguminosae

属：槐属*Sophora*

拉丁名：*Sophora japonica* L.

树高（m）：10

胸围（cm）：300

树龄：100余年

位置：刘街乡土楼建设村王静安家院内
（E116°31′15.85″　N39°12′03.75″）

　　此株槐树位于刘街乡土楼建设村王静安家院内，据说是老人为了纪念先人所植，经精心管护，一直健康生长。

古树编号：13102300020
树种：国槐
科：豆科Leguminosae
属：槐属*Sophora*
拉丁名：*Sophora japonica* L.
树高（m）：15
胸围（cm）：180
树龄：100余年
位置：刘街乡东辛庄村张建光家院内
（E116°29′28.86″　N39°11′23.64″）

　　此株槐树位于刘街乡东辛庄村张建光家院内，据说是先人栽种的，为了纪念先人，留存至今并用心管护。

古树编号：13102300021
树种：旱柳
科：杨柳科Salicaceae
属：柳属*Salix*
拉丁名：*Salix matsudana* Koidz.
树高（m）：10
胸围（cm）：330
树龄：120余年
位置：刘街乡刘街村村西北
（E116°32′42.01″　N39°10′09.71″）

此柳树位于刘街乡刘街村村西北，长势旺盛，枝干粗壮，枝繁叶茂。

古树编号：13102300022

树种：国槐

科：豆科Leguminosae

属：槐属*Sophora*

拉丁名：*Sophora japonica* L.

树高（m）：13

胸围（cm）：210

树龄：110余年

位置：刘街乡彩木营村马克全家院内

（E116°33′28.65″　N39°09′01.79″）

此株槐树位于刘街乡彩木营村马克全家院内，至今已有百余年，长势旺盛。

古树编号：13102300023

树种：国槐

科：豆科Leguminosae

属：槐属*Sophora*

拉丁名：*Sophora japonica* L.

树高（m）：6

胸围（cm）：120

树龄：200余年

位置：养马庄乡徐官营村村北

（E116°26′03.39″　N39°17′15.68″）

　　此株槐树位于养马庄乡徐官营村村北，有一根树枝已断，树干部分中空，基部树皮小部分剥落，长势良好。

古树编号：13102300024

树种：国槐

科：豆科Leguminosae

属：槐属*Sophora*

拉丁名：*Sophora japonica* L.

树高（m）：15

胸围（cm）：92

树龄：150余年

位置：养马庄乡大强村李亚洲家

（E116°25′01.70″　N39°17′02.59″）

大强村

　　养马庄乡大强村李亚洲家有3株古槐（13102300024～13102300026），原植于本村"大庙"院内，后改建为村民房，古槐随之也被保留下来，至今已有150余年。

古树编号：13102300025

树种：国槐

科：豆科Leguminosae

属：槐属*Sophora*

拉丁名：*Sophora japonica* L.

树高（m）：15

胸围（cm）：140

树龄：150余年

位置：养马庄乡大强村李亚洲家

（E116°25′01.65″　N39°17′02.86″）

古树编号：13102300026
树种：国槐
科：豆科Leguminosae
属：槐属*Sophora*
拉丁名：*Sophora japonica* L.
树高（m）：15
胸围（cm）：150
树龄：150余年
位置：养马庄乡大强村李亚洲家
（E116°25′01.65″ N39°17′03.34″）

大强村

古树编号：13102300027
树种：国槐
科：豆科Leguminosae
属：槐属*Sophora*
拉丁名：*Sophora japonica* L.
树高（m）：10
胸围（cm）：200
树龄：500余年
位置：养马庄乡乔家营村村中
（E116°25′18.31″　N39°15′47.68″）

　　此株槐树为乔家营建村之前种植。据传，难民流落于此，将其视为风水宝地，于是在树旁定居，历经沧桑，今树干苍老如老人，形如片柴，然枝繁叶茂，生机盎然。

古树编号：13102300028

树种：国槐

科：豆科Leguminosae

属：槐属*Sophora*

拉丁名：*Sophora japonica* L.

树高（m）：12

胸围（cm）：290

树龄：600余年

位置：龙虎庄乡杨迁务村村中心
（E116°23′05.70″　N39°14′00.56″）

　　据考究，此槐树是明初建庙所植，至今村中老者称此树为"庙台"。传观其开花结籽多少可预见年景丰歉，村民尊为神树，极为敬护。

古树编号：13102300029
树种：国槐
科：豆科Leguminosae
属：槐属*Sophora*
拉丁名：*Sophora japonica* L.
树高（m）：20
胸围（cm）：200
树龄：200余年
位置：龙虎庄乡前店村中心街
（E116°29′06.21″　N39°13′59.47″）

此株槐树位于龙虎庄乡前店村中心街，树体生长旺盛，枝繁叶茂，树冠如伞，长势良好。

古树编号：13102300030
树种：国槐
科：豆科Leguminosae
属：槐属Sophora
拉丁名：Sophora japonica L.
树高（m）：20
胸围（cm）：225
树龄：270余年
位置：别古庄镇第七里村小学校园内
（E116°40′27.56″ N39°17′59.42″）

此株槐树位于别古庄镇第七里村小学校园内，东南角树枝伸出较长，枝叶较好。

古树编号：13102300031

树种：国槐

科：豆科Leguminosae

属：槐属*Sophora*

拉丁名：*Sophora japonica* L.

树高（m）：20

胸围（cm）：225

树龄：270余年

位置：别古庄镇第七里村小学校园内

（E116°40′27.56″　N39°17′59.42″）

此株槐树位于别古庄镇第七里村小学校园内，据说是时任校长所栽。

古树编号：13102300032

树种：大青杨

科：杨柳科Salicaceae

属：杨属Populus

拉丁名：*Populus ussuriensis* Kom.

树高（m）：28

胸围（cm）：314

树龄：120余年

位置：别古庄镇东甄庄村村东南角

（E116°39′33.49″　N39°17′43.48″）

此株大青杨位于别古庄镇东甄庄村村东南角，长势旺盛，无病虫害。

古树编号：13102300033
树种：国槐
科：豆科Leguminosae
属：槐属Sophora
拉丁名：Sophora japonica L.
树高（m）：14
胸围（cm）：167
树龄：130余年
位置：别古庄镇双小营村村北口
（E116°39′27.74″　N39°19′50.91″）

　　别古庄镇双小营村村北口有2株槐树（13102300033，13102300034），至今已有130余年，长势旺盛。

古树编号：13102300034

树种：国槐

科：豆科Leguminosae

属：槐属*Sophora*

拉丁名：*Sophora japonica* L.

树高（m）：15

胸围（cm）：177

树龄：130余年

位置：别古庄镇双小营村村北口

（E116°39′27.74″　N39°19′50.91″）

古树编号：13102300035

树种：榆树

科：榆科Ulmaceae

属：榆属*Ulmus*

拉丁名：*Ulmus pumila* L.

树高（m）：17

胸围（cm）：172

树龄：160余年

位置：别古庄镇柳桁村街中心

（E116°41′15.20″　N39°16′34.21″）

　　此榆树位于别古庄镇柳桁村街中心，树体呈"Y"字形，向西伸出较长，形态别致，枝叶较为茂盛，长势健康。

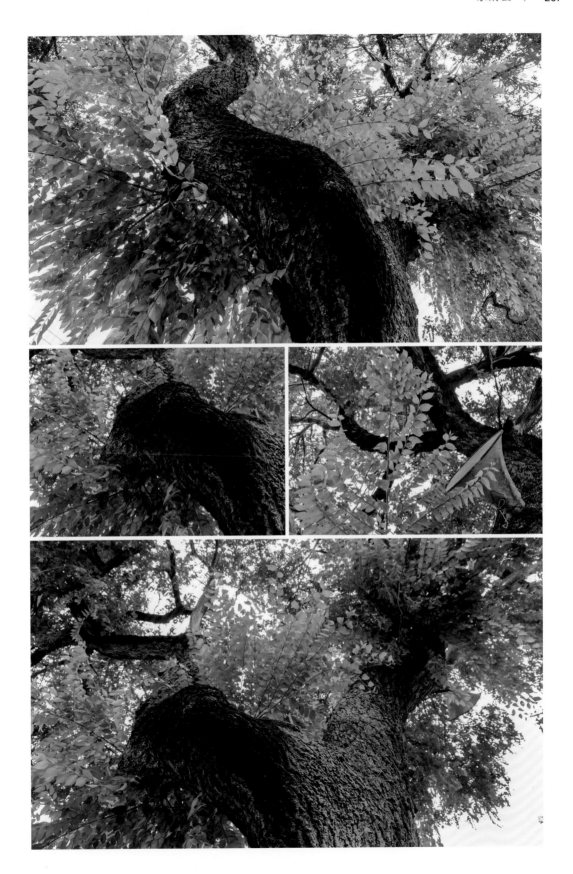

古树编号：13102300036

树种：柳树

科：杨柳科Salicaceae

属：柳属*Salix*

拉丁名：*Salix babylonica* L.

树高（m）：23

胸围（cm）：560

树龄：150余年

位置：别古庄北刘庄村村东南

（E116°40'17.26″　N39°21'26.42″）

此柳树位于别古庄北刘庄村村东南，树干向上分出六个枝杈，长势健康。

古树编号：13102300037
树种：国槐
科：豆科Leguminosae
属：槐属*Sophora*
拉丁名：*Sophora japonica* L.
树高（m）：12
胸围（cm）：420
树龄：100余年
位置：三圣口乡大朱庄村村委会南
（E116°38′48.78″　N39°12′53.74″）

此树在抗日期间被日本人砍过，但树没死，恢复后存活至今。

古树编号：13102300038

树种：国槐

科：豆科Leguminosae

属：槐属*Sophora*

拉丁名：*Sophora japonica* L.

树高（m）：11

胸围（cm）：250

树龄：110余年

位置：三圣口乡大朱庄村村委会院内

（E116°38′49.17″　N39°12′53.73″）

此树在抗日期间被日本人砍过，但树没死，恢复后存活至今。

古树编号：13102300039

树种：国槐

科：豆科Leguminosae

属：槐属*Sophora*

拉丁名：*Sophora japonica* L.

树高（m）：18

胸围（cm）：170

树龄：100余年

位置：大辛阁乡北岔口村村民院内

（E116°27′01.67″　N39°21′36.31″）

　　此槐树位于村民自家院内，据老人说是自家祖先栽种的。为了纪念先人，一直存护至今，冠幅甚大，枝繁叶茂，为院内增加了一道靓丽的风景。

霸州市

统稿： 马建军

摄影： 程明

供稿： 叶振华　孙广耀

霸州市是廊坊市代管的县级市，河北省首批扩权县市之一，地处河北省冀中平原东部，位于京津保三角地带中心，属环京津、环渤海城市群，辖区面积801平方公里，辖9镇、3乡、1个省级经济开发区、1个办事处和辖363个行政村街、18个社区，2018年总人口65万。

霸州市历史悠久，秦属广阳郡，汉属涿郡益昌县，五代后周显德六年（959年）建置霸州。历经金、元、明、清各朝，均为直隶管，民国二年（1913年）改州为县，属京兆特区。1990年2月经国务院批准撤县建市，从此揭开了霸州历史新的一页。2017年12月13日，霸州市获评第一届河北省文明城市。

全市登记古树18株，隶属于6科7属7种，分别为国槐、侧柏、皂荚、香椿、构树、枣树和臭椿。其中一级古树10株，二级古树1株，三级古树7株。

古树编号：13108100001

树种：国槐

科：豆科Leguminosae

属：槐属*Sophora*

拉丁名：*Sophora japonica* L.

树高（m）：9

胸围（cm）：240

树龄：600余年

位置：堂二里镇格达村村委会门前

（E116°46′46.92″ N39°08′24.43″）

　　堂二里镇格达村现存4株古树（13108100001～13108100004），位于原格达祠堂，现为村委会。格达祠堂坐落在格达村中央偏南位置，又称陈氏祠堂，建于清乾隆十五年（1750年），系村中陈氏家族为供奉其祖先灵位所建，是霸州市保存较完整的一座古祠堂。院内立有一块清乾隆二十六年（1761年）的石碑，中厅的门楣上悬有一块民国大总统黎元洪题写的"奉先恩孝"的匾额。中厅后门的上方有清光绪二年（1876年）匾额一块，上有楷书"星聚遗辉"。院中还另有清代楹联、石刻多件。

　　格达祠堂的古树有两类：槐树和柏树。在祠堂前厅的是一株古槐（13108100001）。此槐树干笔直挺拔，树冠枝丫疏密匀称。此树树龄虽逾600年，但依然生机盎然，丝毫不显衰老迹象。故村民们视其为神树，时常有人在树干上扎红绳许愿求福。一些探亲访友的国外人士也常来此参观。

古树编号：13108100002

树种：国槐

科：豆科Leguminosae

属：槐属*Sophora*

拉丁名：*Sophora japonica* L.

树高（m）：10

胸围（cm）：278

树龄：600余年

位置：堂二里镇格达村村委会院内东侧

（E116°46′46.89″　N39°08′25.47″）

在祠堂的中厅还有2株古槐，厅门台阶的东西两侧各一株。东面一株（13108100002，下图左二）树干高大，胸径近90厘米，高10米，冠幅平均10米。西面一株（13108100003，下图左一）树干粗壮，根部径粗超过1米，而此株古槐树冠高大，东西长近13米，南北亦超10米，高近9米。

这2株古槐树龄均超600年。因此，虽形状各异，而从树干到各枝干都透着一种凝重的沧桑感。给整个祠堂增添了一种古朴庄严的氛围。

古树编号：13108100003

树种：国槐

科：豆科Leguminosae

属：槐属Sophora

拉丁名：Sophora japonica L.

树高（m）：9

胸围（cm）：280

树龄：600余年

位置：堂二里镇格达村村委会院内西侧
（E116°46′47.27″　N39°08′25.44″）

古树编号：13108100004

树种：侧柏

科：柏科Cupressaceae

属：侧柏属 *Platycladus*

拉丁名：*Platycladus orientalis*（L.）Franco

树高（m）：8

胸围（cm）：115

树龄：500余年

位置：堂二里镇格达村村委会后院

（E116°46′47.08″ N39°08′25.98″）

古树编号：13108100005
树种：皂荚
科：豆科Leguminosae
属：皂荚属*Gleditsia*
拉丁名：*Gleditsia sinensis* Lam.
树高（m）：15
胸围（cm）：310
树龄：250余年
位置：煎茶铺镇大高各庄村盛祥花园
（E116°29′39.41″　N39°04′36.08″）

　　此树位于康仙庄乡大高各庄村盛祥花园小区，据传说，是当年由该村一位张姓商人从日本带回的树苗所栽，至今已有250年的历史。

　　此树高约15米，树干高3米有余，胸径90厘米左右，冠幅15米。树体躯干分布匀称，枝叶繁茂葱绿，长势喜人。实为乡村社区别具一格的景观。

　　近年来，此树所在小区物业不断加强对古树的保护工作，周围修建了宽敞的树池平台并增设了护栏，每年定期进行多点式施肥和饱和式灌溉，以求古树永葆青春。

古树编号：13108100006
树种：国槐
科：豆科Leguminosae
属：槐属*Sophora*
拉丁名：*Sophora japonica* L.
树高（m）：10
胸围（cm）：363
树龄：900余年
位置：南孟镇西北岸村村北
（E116°20′08.86″　N39°11′25.99″）

　　此树位于南孟镇西北岸村北，与陈公塔和度兄塔相距不过数米，三者呈鼎足状排列。古槐独居南侧，二塔并列居北侧，陈公塔在东，度兄塔居西。

　　古槐冠幅11.5米，树高10米，树干高2.5米，胸径近100厘米，树龄据专家估测达900年以上。

　　由于所经年代久远，古槐形态很有特点：其主干的北半部健壮如初，整个树冠叶绿梢圆；主干的南半部则已全枯，随之一碗口粗细的枝丫伸向东北方陈公塔的方向，而后又垂直伸向地面，使古槐乍看宛如一株双根树。

古树编号：13108100007

树种：国槐

科：豆科Leguminosae

属：槐属*Sophora*

拉丁名：*Sophora japonica* L.

树高（m）：15

胸围（cm）：290

树龄：650余年

位置：康仙庄乡北高各庄村小

学院内（E116°26′44.87″ N39°08′40.48″）

古槐简介

史书记载北高各庄的先民多来源于明燕王扫北时期的山西洪桐大槐树移民。对于世代耕耘的山西农民而言，背井离乡故土难忘，大槐树是家园的象征。移民们到达新定居的地点后，大多栽种槐树，借以寄托自己对家乡的怀念。相传，该古树为明代山西移民来到此地所种植，距今约650余年。

如今，大槐树在党和政府的关怀下，默默地护佑着这方水土和人民。2012年经霸州市文物管理所上报霸州市政府批准并公布为霸州市重点文物保护单位。

在康仙庄乡学校的校园里，生长着一株高大的古槐，树高约15米，冠幅15.5米，树干高约3.5米，胸径近80厘米。经专家估测评，这株古槐的树龄约为650年。据史书记载，廊坊一带的先民，大多是燕王朱棣扫北时期来自山西洪桐大槐树下的移民。背井离乡，故土难忘，而大槐树则成为家园的标识。相传，此古树为当年山西移民来此地后所栽。

另据村中老人们讲，大树现所在的学校过去曾经是一座寺院，寺院西北面是一片僧人的墓地。

古树编号：13108100008

树种：国槐

科：豆科Leguminosae

属：槐属*Sophora*

拉丁名：*Sophora japonica* L.

树高（m）：12

胸围（cm）：210

树龄：590余年

位置：岔河集乡岔河集村村委会附近
（E116°18′15.38″　N39°06′17.58″）

　　在岔河集村村委会附近有2株古槐，在大街的南侧东西向排列，相距约5米。东侧一株（13108100008，下图左）树形稍大，高12米，胸径70厘米，冠幅约12米。西侧一株（13108100009，下图右）树形稍小，高11米，胸径60厘米，冠幅约11米。

　　据树下碑文记载：明永乐二十二年（1424年），一位山西移民迁徙至该村，在街中原关帝庙前种下这两株槐树，至今已有近600年的历史，现已成为该村的标志性古迹。

古树编号：13108100009

树种：国槐

科：豆科Leguminosae

属：槐属Sophora

拉丁名：*Sophora japonica* L.

树高（m）：10

胸围（cm）：180

树龄：590余年

位置：岔河集乡岔河集村村委会附近

（E116°18′15.20″　N39°06′17.60″）

古树编号：13108100010
树种：国槐
科：豆科Leguminosae
属：槐属Sophora
拉丁名：*Sophora japonica* L.
树高（m）：9
胸围（cm）：257
树龄：600余年
位置：辛章办事处辛章四村
（E116°47′11.92″ N39°04′54.93″）

据传，元末明初时，有一云游僧人怀托木质佛像一尊，行至辛章村北时，佛像一臂突然脱落。此僧人为使佛体不曝于阳光之下，遂将断臂就地掩埋而去。几年之后，僧人来到辛章寻找断臂，发现在掩埋断臂之处长出一株胳膊粗细、并分成五权的槐树，形同一只肘部弯曲的巨人之手。僧人观罢，长叹一声："佛祖愿留此地，实乃天意也！"便怆然拂袖而去。后来人们依据传说，便于此处建起了娘娘庙。当时，每天都有香客为祈福求子、驱除病难来此祈祷。尤其端阳节这一天，更是人山人海、热闹非常。

古树编号：13108100011

树种：国槐

科：豆科Leguminosae

属：槐属Sophora

拉丁名：Sophora japonica L.

树高（m）：15

胸围（cm）：259

树龄：200余年

位置：霸州镇城内二街村王吉顺家院内
（E116°24′10.24″ N39°06′03.14″）

　　古槐位于霸州镇城内二街村王吉顺家院内，树高15米，胸径80厘米，冠幅10.5米。据传，此树为王家先人于清嘉庆年间所栽，距今已有200年的历史。

　　此树树干粗壮高大，低处的次主干虽多有旁逸斜出，但很少改变主干一直向上的趋势，树干一直延伸到十几米之高，尤显此株古槐傲然挺拔的特点。

古树编号：13108100012

树种：香椿

科：楝科Meliaceae

属：香椿属*Toona*

拉丁名：*Toona sinensis*（A. Juss.）Roem.

树高（m）：15

胸围（cm）：165

树龄：130余年

位置：胜芳镇王家大院

（E116°41′42.02″　N39°03′41.30″）

　　此株香椿位于王家大院的一角，树龄已经超过130年了，树高达15米，胸径50厘米有余，树干高约6米，树冠东西向11米、南北向9米。树干树冠比例协调，貌相俊美。虽年逾百年，依然勃勃生机。

　　王家大院建于清光绪六年（1880年），位于胜芳中山大街，其建筑具有欧州、非州和中国清式建筑风格。平津战役时，聂荣臻、杨成武等老一辈革命家曾在此指挥过战斗。1949年以后，这里曾作为革命战争遗址，多次接待过邓小平等多位中央领导人和外国政要来此瞻仰参观。这株古香椿树见证了这些历史，受到了浓郁的红色历史氛围的熏陶。

古树编号：13108100013

树种：构树

科：桑科Moraceae

属：构属*Broussonetia*

拉丁名：*Broussonetia papyrifera*（L.）
L'Hér. ex Vent.

树高（m）：11

胸围（cm）：370

树龄：200余年

位置：城区办隆泰社区博雅澜庭
（E116°24′06.51″　N39°07′33.97″）

　　位于城区办隆泰社区博雅澜庭院内。树高11米，胸围370厘米，冠幅东西向19米、南北向17米，树龄200余年。树形匀称，树干粗壮，树冠呈伞状，上至于2.5米处，均匀分布出数个次主干，再往上枝丫分布疏密有致。整株古树树形俊美，实为小区一处古朴典雅的景观。

古树编号：13108100014
树种：枣树
科：鼠李科Rhamnaceae
属：枣属*Ziziphus*
拉丁名：*Ziziphus jujuba* Mill.
树高（m）：15
胸围（cm）：180
树龄：500余年
位置：东杨庄乡下坊村许树杰家院内
（E116°31′57.48″　N39°02′20.35″）

　　古枣树位于东杨庄乡下坊村许树杰家院内，树干粗壮高大，树冠苍劲嶙峋，枝叶茂盛，据估测，此树已有500年的历史。古树高逾15米，冠幅平均12米，主干高约4米，再往上又分成两个次主干，亦有碗口粗细，整个树干呈自东向西约10°的倾斜状。

　　此树所结果实酥脆甘甜，是全村老幼中秋前后的尝鲜之物。为此，许家人世世代代对其爱护备至。这株树也成了下坊村的标识，村民们外出归来，从远处最先看到的就是这株树。所以有人说，这株树年长日久，已成为树神，时时召唤着下坊村外出谋生的儿女。

古树编号：13108100015
树种：枣树
科：鼠李科Rhamnaceae
属：枣属*Ziziphus*
拉丁名：*Ziziphus jujuba* Mill.
树高（m）：8
胸围（cm）：160
树龄：120余年
位置：扬芬港镇赵家柳村张宝奎家院内
（E116°54′21.36″　N39°08′44.28″）

　　此古树位于扬芬港乡赵家柳村张宝奎家院内，树高8米，树干高2米，胸径35厘米，冠幅南北向9米、东西向6米。树龄120余年。据传，此树是由一位温姓村民从山东老家带来的树苗栽植成活而传至今日的。其果实甘甜酥脆，据说成熟时的果实从高枝落地即可摔成几瓣，由此在民间荣获了扬芬港"酥枣"的美称。

　　近年来，赵家柳村因地制宜，抢抓机遇，以此树为母本，繁殖了一代又一代的"酥枣"树苗，在全村土地上择优试栽，现已发展成近百亩的"酥枣园"。

古树编号：13108100016
树种：枣树
科：鼠李科Rhamnaceae
属：枣属*Ziziphus*
拉丁名：*Ziziphus jujuba* Mill.
树高（m）：9
胸围（cm）：111
树龄：120余年
位置：扬芬港镇赵家柳村孙永生家院内
（E116°54′25.91″　N39°08′50.16″）

　　扬芬港镇赵家柳村孙永生家古枣树，位于孙家院落临街一侧。树高9米，冠幅东西向6.5米、南北向7.5米，胸径30厘米，树龄120年以上。

古树编号：13108100017
树种：臭椿
科：苦木科Simaroubaceae
属：臭椿属*Ailanthus*
拉丁名：*Ailanthus altissima*（Mill.）Swingle
树高（m）：15
胸围（cm）：165
树龄：100余年
位置：辛章办事处辛章三村郑宝生家院内
（E116°47′01.00″　N39°04′48.60″）

　　此株臭椿树，高大葱绿，苍劲挺拔，成为辛章三村一处独特的景观。此树高15米，冠幅平均12米，主干高4.5米，胸径约55厘米。据估测其树龄已超100年。

古树编号：13108100018
树种：国槐
科：豆科Leguminosae
属：槐属*Sophora*
拉丁名：*Sophora japonica* L.
树高（m）：12
胸围（cm）：180
树龄：400余年
位置：堂二里镇十一街村荣运安家院内
（E116°44′11.71″　N39°08′36.49″）

位于堂二里镇十一街村荣运安家院东侧临街处，据传，这里是原七圣庙的所在地。此树高12米，树干高6米，胸径55厘米，冠幅平均13.5米，估测树龄400年。现在仍枝叶繁茂，生机盎然。

文安县

统稿： 王引第
摄影： 张立
供稿： 文安县自然资源和规划局

　　文安县为河流堆积地貌，处于华北平原相对低下部位，平坦开阔，为多条河流下游。历史上承接清南地区14个县超量洪沥水和大清河、子牙河、古洋河、潴龙河决口洪水。辖区面积1037平方公里，辖13个乡镇、5个国有农场、383个行政村，2018年底总人口55万。

　　文安于西汉初年置县，取"崇尚文礼、治国安邦"之寓意而得名。一方水土养育一方人，纵览文安历史，众多文官武将、侠客豪杰、名流志士、民间艺人重文尚武，自强不息，功绩斐然，名垂青史，光照古洼子孙。

　　文安县以"绿化大提升、创建森林城"为核心，以"廊沧高速绿化改造提升""新防洪圈外拓绿化"和"世纪大道生态走廊建设"为重点，进一步加快增林扩绿、改善生态环境步伐，提高全县造林绿化整体水平。

　　全县登记古树7株，隶属于3科3属3种，分别为国槐、侧柏和枣树。其中一级古树1株，二级古树1株，三级古树5株。

古树编号：13102600001

树种：侧柏

科：柏科Cupressaceae

属：侧柏属*Platycladus*

拉丁名：*Platycladus orientalis*（L.）Franco

树高（m）：12

胸围（cm）：106

树龄：120余年

位置：新镇镇冯章栓家院内

（E116°21′22.10″　N39°00′04.20″）

　　此侧柏位于新镇镇冯章栓家院内，树龄120余年。此树从树干分出两个树杈，整体长势良好，无病虫害。

古树编号：13102600002
树种：国槐
科：豆科Leguminosae
属：槐属*Sophora*
拉丁名：*Sophora japonica* L.
树高（m）：6
胸围（cm）：431
树龄：1200余年
位置：苏桥镇下武各庄村村委会
（E116°25′52.10″　N39°02′54.44″）

　　当地称唐槐，又称六郎古槐。原有3株，相传为唐代所植，宋杨六郎杨延昭在镇守三关时曾经在这里高悬帅旗，倚槐为帐，秣马厉兵，布阵军战，在这株树上拴过马，力败辽军后兴叹："傍此古槐，如有神助"。

古树编号：13102600003

树种：国槐

科：豆科Leguminosae

属：槐属*Sophora*

拉丁名：*Sophora japonica* L.

树高（m）：10

胸围（cm）：212

树龄：310余年

位置：大柳河镇镇西码头村陈家祠堂

（E116°32′34.53″　N39°00′02.85″）

西码头古槐位于陈家祠堂，此祠堂为清代直隶三才子之一的翰林院待读学生全都御史陈仪的家祠，始建于明朝中叶。该槐树栽于清朝康熙年间，存活至今。

古树编号：13102600004
树种：国槐
科：豆科Leguminosae
属：槐属*Sophora*
拉丁名：*Sophora japonica* L.
树高（m）：15
胸围（cm）：155
树龄：113年
位置：德归镇西长田村张家祠堂
（E116°39′40.29″　N38°56′00.40″）

　　据传，张姓先祖为响马，后逃难至西长田，置办家业，建立祠堂时种植了2株槐树（13102600004，13102600005），祠堂后又经多次重建。百余年来古槐一直郁郁葱葱，甚是繁茂。

古树编号：13102600005

树种：国槐

科：豆科Leguminosae

属：槐属*Sophora*

拉丁名：*Sophora japonica* L.

树高（m）：14

胸围（cm）：170

树龄：113年

位置：德归镇西长田村张家祠堂

（E116°39′40.45″　N38°56′00.53″）

古树编号：13102600008

树种：枣树

科：鼠李科Rhamnaceae

属：枣属*Ziziphus*

拉丁名：*Ziziphus jujuba* Mill.

树高（m）：6

胸围（cm）：179

树龄：200年

位置：大留镇北李村

（E116°18′48.50″　N38°48′55.40″）

　　此树原为北李村村民林书德生前所有，独女嫁本村任存良，现已搬到城内居住。此枣树整体长势良好，无病虫害。

古树编号：13102600009
树种：枣树
科：鼠李科Rhamnaceae
属：枣属*Ziziphus*
拉丁名：*Ziziphus jujuba* Mill.
树高（m）：8
胸围（cm）：89
树龄：200年
位置：大留镇北李村
（E116°18′48.50″　N38°48′55.40″）

　　此树原为北李村村民林书德生前所有，独女嫁本村任存良，现已搬到城内居住。此枣树整体长势良好，无病虫害。

统稿： 王引第

摄影： 相恩余

供稿： 大城县自然资源和规划局

　　大城县位于廊坊市最南端，东、南、西、北分别与天津市静海区，沧州市青县、河间市、任丘市，廊坊市文安县接壤，北距北京140公里，东距天津60公里，西距雄安新区60公里，辖区面积904平方公里，辖10镇、1个省级经济开发区、1个省级文化产业示范园区，共有394个村街、53万人口，有耕地82万亩。

　　大城县是一座历史古郡，古称徐州，战国时更名平舒，西汉置县，五代时改为大城。悠久的历史，积淀了丰厚的文化。境内古文化遗迹有燕赵古长城、秦始皇幼子墓、完城遗址、齐圪垯汉墓、姜太公钓鱼台等；杨家口音乐会、二姑院太平颤、东臧庄音乐会等7项文化活动被列为省级非物质文化遗产。著名爱国总理张绍曾，民族英雄张学良，胡子将军孙毅，传奇人物孙勇将军，当代著名书画家史国良、陈继荣、刘进安、王厚祥、张玉华、谢崇礼、马南坡等都是大城人民的杰出代表，各行各业的精英人才更是数不胜数。

　　大城县自然生态良好，2018年全县完成造林7.15万亩，森林覆盖率28.4%，为绿色大城做出了积极贡献。

　　2019年全县登记古树15株，隶属于3科3属3种，分别为国槐、枣树和侧柏。其中一级古树4株，二级古树9株，三级古树2株。

古树编号：13102500001

树种：国槐

科：豆科Leguminosae

属：槐属Sophora

拉丁名：Sophora japonica L.

树高（m）：10

胸围（cm）：350

树龄：1000余年

位置：南赵扶镇张庄村村东大堤

（E116°44′30.75″　N38°44′43.26″）

　　此株槐树位于大城县东部南赵扶镇张庄村东子牙河西堤坡，是大城境内有名的古槐，树龄达千余年，与古槐（13102500002）在村东街口分南北并列，相距10余米。

古树编号：13102500002

树种：国槐

科：豆科Leguminosae

属：槐属*Sophora*

拉丁名：*Sophora japonica* L.

树高（m）：10

胸围（cm）：300

树龄：1000余年

位置：南赵扶镇张庄村村东大堤
（E116°44′30.47″ N38°44′43.10″）

　　此株槐树位于大城县东部南赵扶镇张庄村东子牙河西堤坡，是大城境内有名的古槐，树龄达千余年。1937年9月20日，国民党第67军曾在此抗击侵华日军，有7名伤员藏于此树洞，皆被日军杀害。电影《战洪图》曾在此取景。

古树编号：13102500003
树种：国槐
科：豆科Leguminosae
属：槐属*Sophora*
拉丁名：*Sophora japonica* L.
树高（m）：14
胸围（cm）：340
树龄：600余年
位置：留各庄镇西留各庄村碧霞宫
（E116°30′30.52″　N38°34′00.62″）

　　此株槐树位于大城县留各庄镇西留各庄村碧霞宫，为明永乐年间建庙时栽种。1938年，侵华日军曾在古槐南侧放火，企图烧死古槐。数年后，古槐渐发新枝。近年来当地自发维护，古树生长健壮，长势良好。

古树编号：13102200004

树种：枣树

科：鼠李科Rhamnaceae

属：枣属*Ziziphus*

拉丁名：*Ziziphus jujuba* Mill.

树高（m）：5

胸围（cm）：125

树龄：600余年

位置：南赵扶镇大流漂村村西北

（E116°43′18.50″　N38°39′42.61″）

　　此枣树位于大城县南赵扶镇大流漂村村西北，生长于林中，四周有铁护栏，长势良好，无病虫害。

古树编号：13102500005
树种：枣树
科：鼠李科Rhamnaceae
属：枣属*Ziziphus*
拉丁名：*Ziziphus jujuba* Mill.
树高（m）：5
胸围（cm）：130
树龄：400余年
位置：南赵扶镇大流漂村村西北
（E116°43′12.97″　N38°39′39.90″）

　　此枣树位于大城县南赵扶镇大流漂村村西北，树体有虫蛀，长势一般，能开花结果，周围有护栏保护。

古树编号：13102500006

树种：国槐

科：豆科Leguminosae

属：槐属*Sophora*

拉丁名：*Sophora japonica* L.

树高（m）：9

胸围（cm）：250

树龄：400余年

位置：北魏乡前屯村村西

（E116°26′14.00″　N38°37′52.23″）

　　此株槐树位于大城县北魏乡前屯村村西，树体部分腐朽，有虫蛀，主枝遭雷击毁，长势较弱，能开花结果。

古树编号：13102500007

树种：国槐

科：豆科Leguminosae

属：槐属*Sophora*

拉丁名：*Sophora japonica* L.

树高（m）：13

胸围（cm）：270

树龄：300余年

位置：北魏乡前屯村村委会小广场

（E116°26′20.75″　N38°37′50.27″）

　　此株槐树位于大城县北魏乡前屯村村委会小广场。抗日战争时期，主干被日军砍成大洞，能容一幼童站立。树体部分虫蛀，主干大洞经村民修补，已逐渐长合。目前长势较好，能正常开花结果。

古树编号：13102500008

树种：侧柏

科：柏科Cupressaceae

属：侧柏属*Platycladus*

拉丁名：*Platycladus orientalis*（L.）Franco

树高（m）：10

胸围（cm）：130

树龄：400余年

位置：北魏乡北魏村北魏寺

（E116°23′49.30″　N38°38′03.48″）

　　此株侧柏位于大城县北魏乡北魏村北魏寺，为建寺时所栽。1939年3月31日，贺龙将军指挥一二九师在此伏击侵华日军，指挥部就设在北魏寺中，庙前古柏阻挡许多日军枪弹，至今仍遗有弹痕。目前，此树西南侧被火烧，树已死一半。

古树编号：13102500009

树种：国槐

科：豆科Leguminosae

属：槐属*Sophora*

拉丁名：*Sophora japonica* L.

树高（m）：15

胸围（cm）：250

树龄：300余年

位置：留各庄镇王祝村村委会院内

（E116°28′30.77″ N38°30′58.84″）

　　此株槐树位于大城县留各庄镇王祝村村委会院内。原有2株古槐，其中一株被侵华日军砍伐用作薪柴。主干部分已中空，长势较好，能正常开花结果。

古树编号：13102500010

树种：国槐

科：豆科Leguminosae

属：槐属*Sophora*

拉丁名：*Sophora japonica* L.

树高（m）：7

胸围（cm）：165

树龄：300余年

位置：大尚屯镇后街村老年活动中心

（E116°29′48.84″　N38°41′12.31″）

　　此株槐树位于大城县大尚屯镇后街村老年活动中心，为大尚屯建立四街时栽种。原老树冠被截，后又萌发新枝，长势良好，能正常开花结果。

古树编号：13102500011

树种：国槐

科：豆科Leguminosae

属：槐属*Sophora*

拉丁名：*Sophora japonica* L.

树高（m）：12

胸围（cm）：200

树龄：200余年

位置：大尚屯镇西街村

（E116°29′40.86″　N38°41′01.41″）

此株槐树位于大城县大尚屯镇西街村，树体健壮，树干倾斜生长，长势良好，无病虫害。

古树编号：13102500012
树种：国槐
科：豆科Leguminosae
属：槐属*Sophora*
拉丁名：*Sophora japonica* L.
树高（m）：13
胸围（cm）：240
树龄：300余年
位置：南赵扶镇泊庄村
（E116°44′19.88″　N38°45′07.64″）

　　此株槐树位于大城县南赵扶镇泊庄村，为村民个人所有，位于老宅院内，整体长势较好，能正常开花结果。

古树编号：13102500013

树种：国槐

科：豆科Leguminosae

属：槐属*Sophora*

拉丁名：*Sophora japonica* L.

树高（m）：10

胸径（cm）：260

树龄：300余年

位置：里坦镇政府院内

（E116°35′41.46″　N38°30′40.91″）

　　此株槐树位于大城县里坦镇政府院内，枝繁叶茂，冠幅较大，由专门人员管护。树体呈伞状，象征着里坦镇政府广开大门，吸纳各种有益政策，带领乡村振兴发展。

古树编号：13102500014

树种：国槐

科：豆科Leguminosae

属：槐属*Sophora*

拉丁名：*Sophora japonica* L.

树高（m）：7

胸围（cm）：210

树龄：400余年

位置：里坦镇四街

（E116°35′42.78″　N38°30′47.95″）

此株槐树位于大城县里坦镇四街，长势较好，能正常开花结果。

古树编号：13102500015
树种：国槐
科：豆科Leguminosae
属：槐属*Sophora*
拉丁名：*Sophora japonica* L.
树高（m）：5
胸围（cm）：150
树龄：100余年
位置：留各庄镇前北曹村村西
（E116°28′26.49″　N38°35′54.88″）

　　此株槐树位于留各庄镇前北曹村村西，由留各庄镇政府管护保养，长势较好，能正常开花结果。

参考文献

［1］《香河政协文史资料集存》第十七集. 写在林木间的历史［M］. 2016.

［2］廊坊传媒网. 廊坊千年古树今犹在守护使者功不没［EB/OL］. http://www.lfcmw.com/content/2018-02/02/content_675713.htm

［3］李腾. 河北省城镇古树名木资源调查分析［D］. 保定：河北农业大学，2015.

［4］廊坊市住房和城市建设局. 廊坊市古树名木资源信息管理系统［EB/OL］. http://www.lfsjs.gov.cn/wmfw/ylfw/gsmm/201810/20181008/j_2018100811014600020993.html

［5］廊坊市地方志办公室. 廊坊市古树名木［EB/OL］. http://lffzw.langfangs.com/article/dfts/qt/2015/1229/823.html

［6］京津冀古树名木保护研究中心. 京津冀古树寻踪［M］. 北京：中国建筑工业出版社，2019.

［7］付丽峰，王琳. 河北省古树名木资源现状及保护对策［J］. 国土绿化，2006（06）：16-17.

［8］田静，汪民，李国松，等. 河北省古树名木的保护与管理措施探讨［J］. 河北林果研究，2013，28（4）：403-408.

［9］路洪顺. 河北省古树名木资源特征和保护管理对策［J］. 河北林业，2012（07）：22-23.

［10］王玉瑛. 河北省城镇古树名木信息平台建立及应用研究［D］. 保定：河北农业大学. 2016.

［11］张炜. 河北省名木古树保护对策［J］. 河北林业科技，2007（1）：50.

［12］河北频道_凤凰网. 廊坊香河一对雌雄异株古银杏相伴超500载［EB/OL］. http://hebei.ifeng.com/news/chengshi/detail_2014_04/02/2074637_0.shtml

［13］中国新闻网. 两株500余年古银杏树首获"身份证"树荫达600余平［EB/OL］. http://www.chinanews.com/sh/2013/09-04/5244022.shtml

［14］廊坊市住房和城市建设局. 千年古银杏股股守望者［EB/OL］. http://www.lfsjs.gov.cn/wmfw/ylfw/hyxw/201907/20190705/j_20190705142727000027357.html

［15］廊坊传媒网. 咱们的大树（九）［EB/OL］. http://www.lfcmw.com/content/2011-10/12/content_120722.htm?node=1434

［16］廊坊市住房和城市建设局. 三载追踪百年枣林镜头记录古树复壮［EB/OL］. http://www.lfsjs.gov.cn/wmfw/ylfw/hyxw/201810/20181011/j_2018101111070800021054.html

［17］廊坊日报新媒体中心.《咱们的大树》10周年特刊［EB/OL］. http://www.yunzhan365.com/42484482.html

［18］长城网. 河北新闻频道.【古树名木】廊坊三河一油松见证六百载村史［EB/OL］. http://report.hebei.com.cn/system/2014/04/02/013296922.shtml#p=1

［19］长城网. 河北新闻频道【古树名木】廊坊古树"天女槐"舞姿翩翩动人心［EB/OL］. http://report.hebei.com.cn/system/2014/04/02/013296978.shtml

［20］长城网. 河北新闻频道.【古树名木】廊坊"天王槐"400年后仍威风凛凛［EB/OL］. http://report.hebei.com.cn/system/2014/04/02/013296974.shtml

［21］长城网. 河北新闻频道.【古树名木】廊坊千年古槐呈献"怀抱春"奇景［EB/OL］. http://report.hebei.com.cn/system/2014/04/02/013296954.shtml

廊坊市古树名木分布图

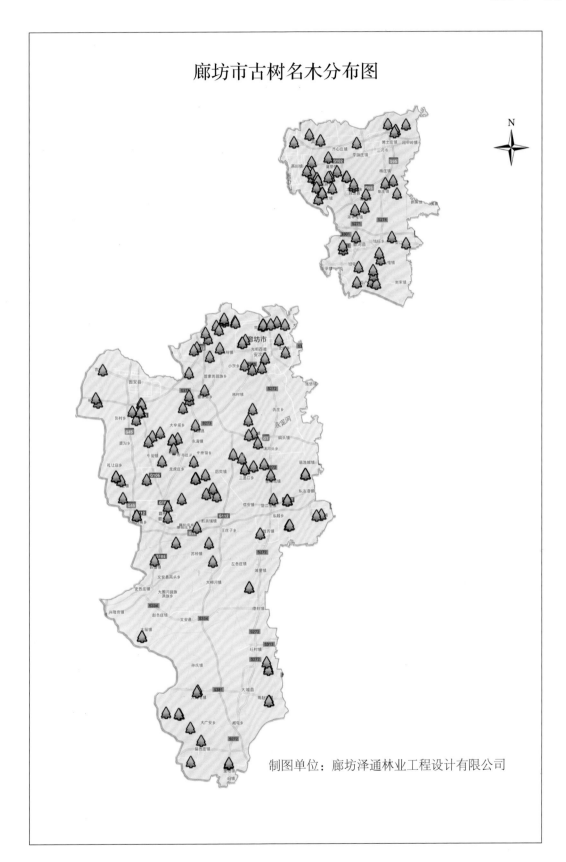

制图单位：廊坊泽通林业工程设计有限公司

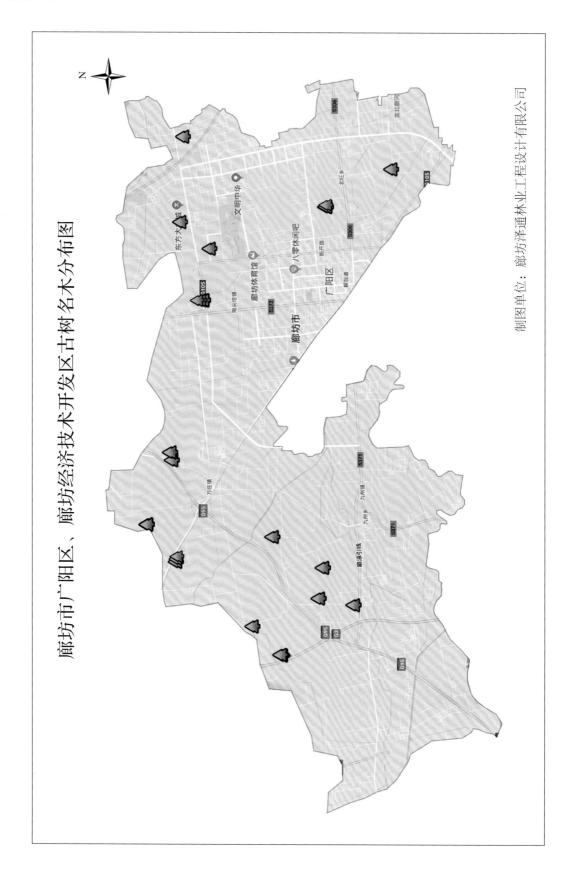

廊坊市广阳区、廊坊经济技术开发区古树名木分布图

制图单位：廊坊泽通林业工程设计有限公司

廊坊市安次区古树名木分布图

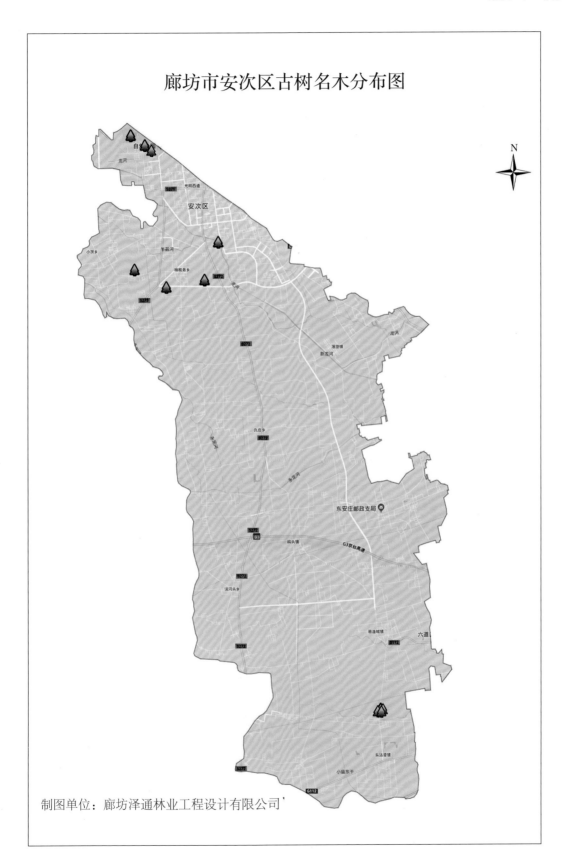

制图单位：廊坊泽通林业工程设计有限公司

廊坊市三河市古树名木分布图

制图单位：廊坊泽通林业工程设计有限公司

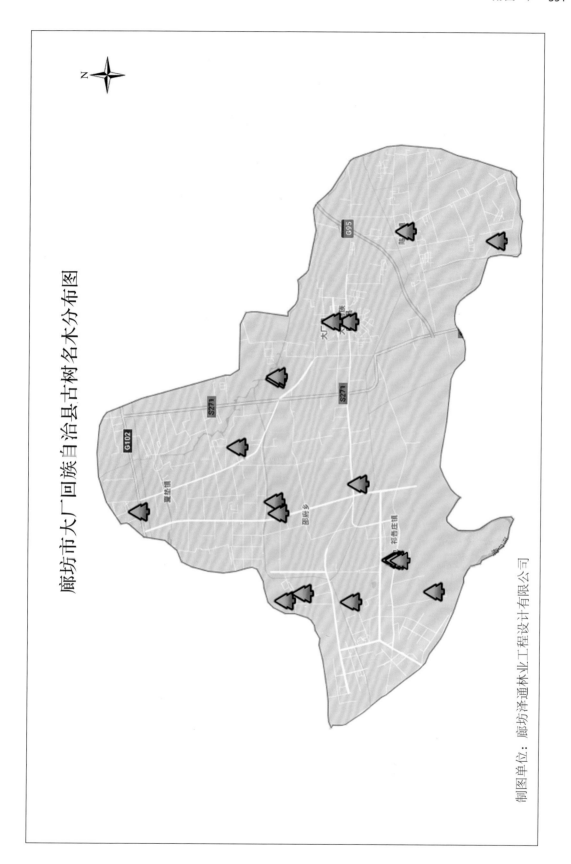

廊坊市大厂回族自治县古树名木分布图

制图单位：廊坊泽通林业工程设计有限公司

廊坊市香河县古树名木分布图

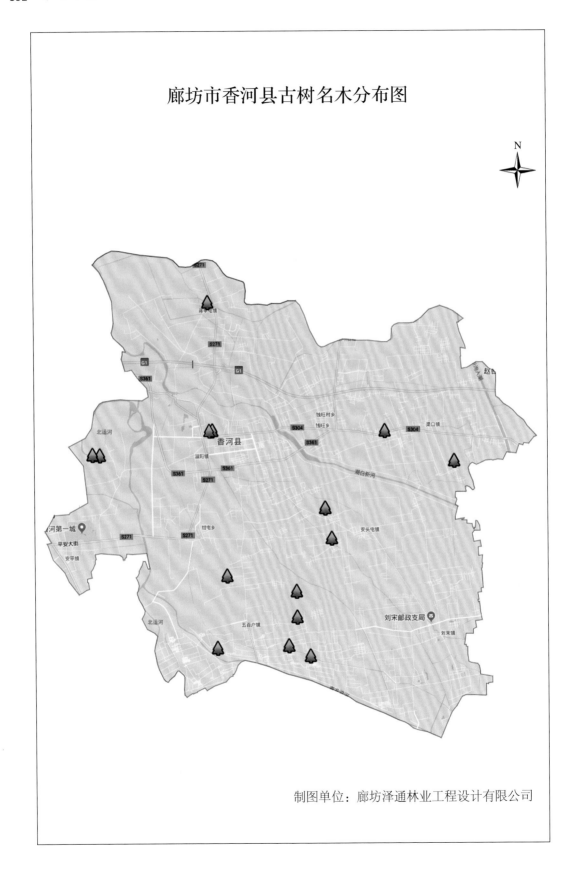

制图单位：廊坊泽通林业工程设计有限公司

廊坊市固安县古树名木分布图

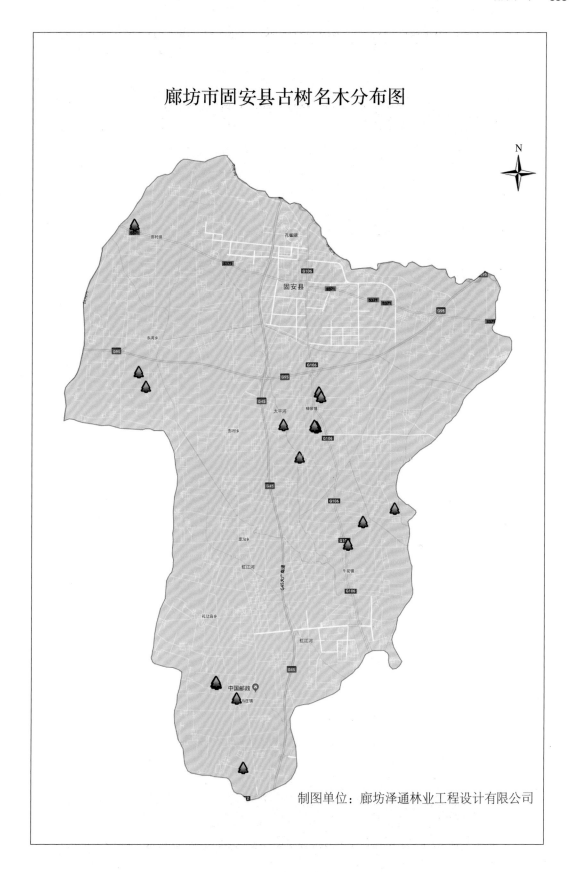

制图单位：廊坊泽通林业工程设计有限公司

廊坊市永清县古树名木分布图

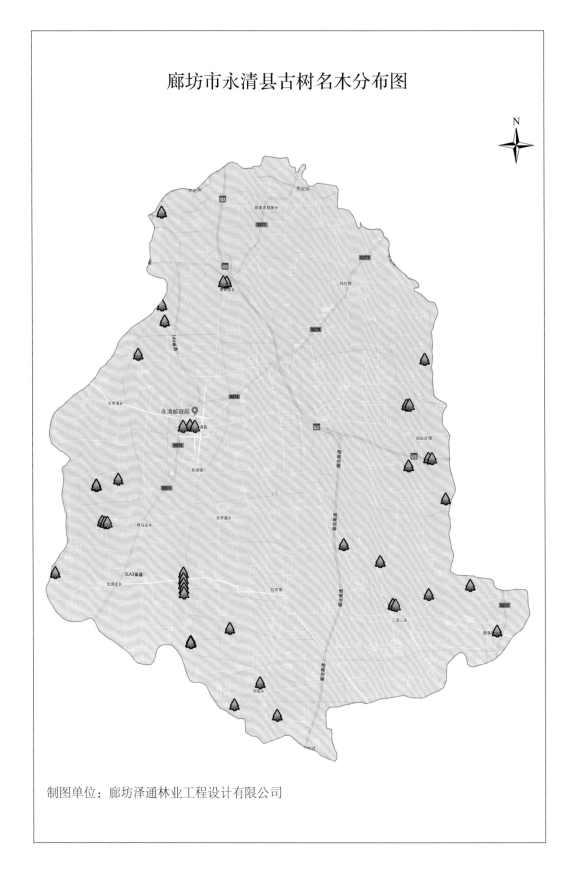

制图单位：廊坊泽通林业工程设计有限公司

廊坊市霸州市古树名木分布图

制图单位：廊坊泽通通林业工程设计有限公司

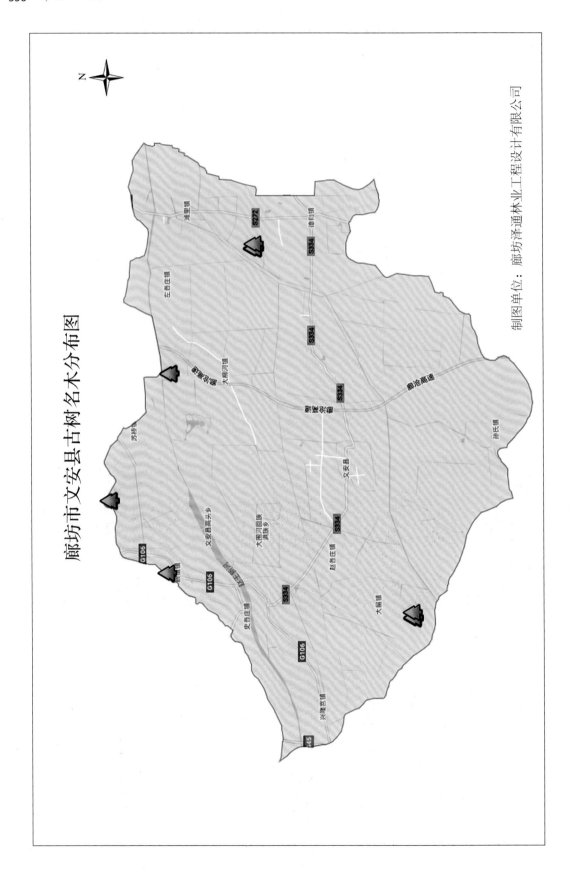

廊坊市文安县古树名木分布图

制图单位：廊坊泽通林业工程设计有限公司

廊坊市大城县古树名木分布图

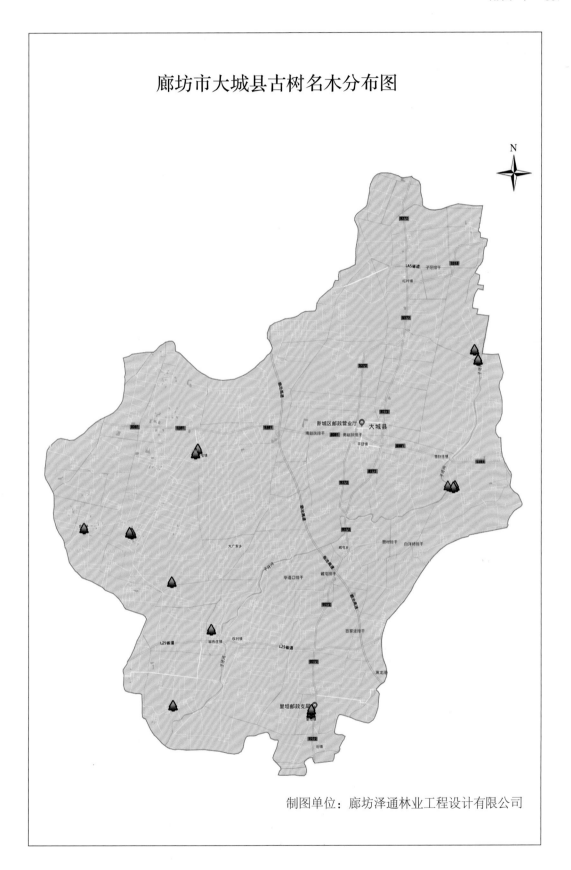

制图单位：廊坊泽通林业工程设计有限公司

廊坊古树名木一览表

地区名	古树级别	古树株数	总株数	古树群级别	古树群(处)	古树群株数	古树群总株数	古树名木株数
广阳区、开发区	一级	2	20					
	二级	5		二级	1	211	211	
	三级	13						
安次区	一级		11					
	二级	11						
	三级							
三河市	一级	13	25					
	二级	8						
	三级	4		三级	1	432	432	
大厂县	一级	3	16					
	二级	13						1
	三级							
香河县	一级	4	14					
	二级	8						1
	三级	2						
固安县	一级	1	15					
	二级	6						
	三级	8		三级	3	848	848	
永清县	一级	3	39					
	二级	7						
	三级	29						
霸州市	一级	10	18					
	二级	1						
	三级	7						
文安县	一级	1	7					
	二级	1						
	三级	5						
大城县	一级	4	15					
	二级	9						
	三级	2						
总计		180			5	1491		2

广阳区、开发区古树名木一览

	序号	古树名木编号	中文名	拉丁名	树龄（年）	树高（米）	胸围（厘米）	冠幅（米）	保护等级	具体生长位置（经纬度）	管护责任单位（人）
广阳区、开发区	1	13100300001	国槐	Sophora japonica L.	300	15	170	5	二级	北王庄村 E116°41′58.69″ N39°34′33.91″	赵俊岭
	2	13100300002	大青杨	Populus ussuriensis Kom.	145	28	315	15	三级	南汉 E116°31′33.24″ N39°30′28.49″	南汉村委会
	3	13100300003	国槐	Sophora japonica L.	105	20	225	19	三级	北常道 E116°31′47.35″ N39°31′24.81″	北常道村委会
	4	13100300004	圆柏	Sabina chinensis (L.) Ant.	115	14	133	7	三级	刘官营村 E116°32′50.47 N39°31′18.02″	刘官营村委会
	5	13100300006	国槐	Sophora japonica L.	500	16	130	14	一级	大枣林庄村 E116°46′29.49″ N39°29′27.83″	大枣林庄村委会
	6	13100300007	国槐	Sophora japonica L.	300	15	70	15	二级	桑园辛庄村 E116°45′11.49″ N39°31′14.85″	桑园辛庄村委会
	7	13100300008	国槐	Sophora japonica L.	300	15	70	15	二级	桑园辛庄村 E116°45′11.50″ N39°31′14.50″	桑园辛庄村委会
	8	13100300009	国槐	Sophora japonica L.	600	13	89	14	一级	艾家务村 E116°33′53.30″ N39°32′40.04″	艾家务村委会
	9	13100300010	圆柏	Sabina chirensis (L.) Ant.	450	10	45	5.5	二级	稽查王村 E116°33′00.68″ N39°35′18.97″	稽查王村委会
	10	13100300011	国槐	Sophora japonica L.	200	18	273	19	三级	潘村 E116°30′49.28″ N39°33′12.23″	潘村村委会
	11	13100300012	国槐	Sophora japonica L.	260	9	219	11	三级	柴孙洼村 E116°34′17.92″ N39°36′06.77″	柴孙洼村委会

（续）

序号	古树名木编号	中文名	拉丁名	树龄（年）	树高（米）	胸围（厘米）	冠幅（米）	保护等级	具体生长位置（经纬度）	管护责任单位（人）
12	13100300013	圆柏	Sabina chinensis (L.) Ant.	260	10	90	6	三级	柴孙洼村 E116°34'17.99" N39°36'07.15"	柴孙洼村村委会
13	13100300014	国槐	Sophora japonica L.	120	13	124	14	三级	李孙洼村 E116°36'30.51" N39°35'25.72"	李孙洼村村委会
14	13100300016	大青杨	Populus ussuriensis Kom.	100	25	216	17	三级	李孙洼村 E116°36'45.82" N39°35'28.27"	李孙洼村村委会
15	13100300017	国槐	Sophora japonica L.	300	15	170	5	二级	北王庄村 E116°41'58.69" N39°34'33.91"	赵俊岭
16	13100300018	圆柏	Sabina chinensis (L.) Ant.	120	7	73	6	三级	北王庄村 E116°41'58.33" N39°34'37.72"	王殿华
17	13100300019	圆柏	Sabina chinensis (L.) Ant.	260	10	90	6	三级	柴孙洼村 E116°34'17.80" N39°36'07.12"	柴孙洼村村委会
18	Q13100300001-Q13100300211	枣树群	Ziziphus jujuba Mill.	300	5	40		二级	火头营 E116°29'50.50" N39°32'25.64"	个人
19	13100300020	国槐	Sophora japonica L.	100	15	219	16	三级	娄庄村 E116°43'46.37" N39°34'26.58"	娄庄村小学
20	13100300021	国槐	Sophora japonica L.	100	10	117	10	三级	桐柏村 E116°44'39.17" N39°35'12.84"	桐柏村村委会
21	13100300022	国槐	Sophora japonica L.	100	17	170	12	三级	南营村 E116°47'35.79" N39°35'07.93"	南营清真寺

广阳区、开发区

安次区古树名木一览表

序号		古树名木编号	中文名	拉丁名	树龄（年）	树高（米）	胸围（厘米）	冠幅（米）	保护等级	具体生长位置（经纬度）	管护责任单位（人）
1	安次区	13100200001	侧柏	Platycladus orientalis (L.) Franco	100	15	135	8	三级	淘河村 E116°50'12.29" N39°12'06.01"	淘河中心小学
2		13100200002	侧柏	Platycladus orientalis (L.) Franco	100	14	93	6	三级	淘河村 E116°50'12.26" N39°12'05.78"	淘河中心小学
3		13100200003	侧柏	Platycladus orientalis (L.) Franco	100	14	104	7	三级	淘河村 E116°50'12.52" N39°12'05.99"	淘河中心小学
4		13100200004	侧柏	Platycladus orientalis (L.) Franco	100	14	113	7	三级	淘河村 E116°50'12.54" N39°12'05.80"	淘河中心小学
5		13100200005	槐树	Sophora japonica L.	100	12	270	13	三级	王常甫村 E116°42'36.68" N39°28'38.90"	王常甫村委会
6		13100200006	槐树	Sophora japonica L.	100	12	152	18	三级	西固城村 E116°38'41.76" N39°27'40.55"	田国新
7		13100200007	槐树	Sophora japonica L.	100	13	162	11	三级	辛其营村 E116°40'11.34" N39°27'03.16"	白刚
8		13100200008	槐树	Sophora japonica L.	100	16	189	13	三级	高芦村 E116°41'59.48" N39°27'18.11"	高芦村委会
9		13100200009	圆柏	Sabina chirensis (L.) Ant.	150	11	141	6	三级	古县村 E116°39'10.83" N39°32'04.13"	邵祖广
10		13100200010	槐树	Sophora japonica L.	100	15	179	6	三级	古县村 E116°38'29.66" N39°32'25.04"	廊坊市自然公园
11		13100200011	槐树	Sophora japonica L.	120	15	217	6	三级	古县村 E116°38'29.95" N39°32'25.12"	廊坊市自然公园

三河市古树名木一览表

序号	古树名木编号	中文名	拉丁名	树龄（年）	树高（米）	胸围（厘米）	冠幅（米）	保护等级	具体生长位置（经纬度）	管护责任单位（人）
1	13108200433	国槐	Sophora japonica L.	600	19	450	19	一级	张营村 E116°50′29.81″ N39°55′07.08″	张营村委会
2	13108200434	国槐	Sophora japonica L.	170	15	260	12	三级	东吴各庄村 E116°51′32.76″ N39°54′11.59″	东吴各庄村委会
3	13108200435	国槐	Sophora japonica L.	170	15	260	17	三级	东吴各庄村 E1116°51′33.22″ N39°54′11.66″	东吴各庄村委会
4	13108200436	国槐	Sophora japonica L.	400	15	260	16	二级	东吴各庄村 E116°51′32.79″ N39°54′10.73″	东吴各庄村委会
5	13108200437	国槐	Sophora japonica L.	400	15	260	19	二级	东吴各庄村 E116°51′33.38″ N39°54′10.76″	东吴各庄村委会
6	13108200438	国槐	Sophora japonica L.	700	14	400	11	一级	马起乏村 E116°51′21.35″ N39°56′22.80″	马起乏村委会
7	13108200439	国槐	Sophora japonica L.	700	13	500	7	一级	马起乏村 E116°51′21.99″ N39°56′22.78″	马起乏村委会
8	13108200440	国槐	Sophora japonica L.	700	13	400	7	一级	马起乏村 E116°51′22.46″ N39°56′22.97″	马起乏村委会
9	13108200441	香椿	Toona sinensis (A. Juss.) Roem.	130	25	160	10	三级	北杨庄村 E116°47′20.32″ N40°01′12.77″	王绍会
10	13108200442	侧柏	Platycladus orientalis (L.) Franco	450	16	100	7	二级	万家庄村 E116°53′04.74″ N39°59′23.92″	万家庄村委会
11	13108200443	侧柏	Platycladus orientalis (L.) Franco	450	16	105	9	二级	万家庄村 E116°53′04.99″ N39°59′23.96″	万家庄村委会

三河市

（续）

序号	古树名木编号	中文名	拉丁名	树龄（年）	树高（米）	胸围（厘米）	冠幅（米）	保护等级	具体生长位置（经纬度）	管护责任单位（人）
12	13108200444	国槐	*Sophora jcponica* L.	500	21	500	21	一级	北黄辛庄村 E116°51′29.61″ N40°01′17.27″	北黄辛庄村委会
13	13108200445	侧柏	*Platycladus orientalis* (L.) Franco	400	14	110	4	二级	杜官屯村 E116°59′52.61″ N39°59′02.47″	杜官屯村委会
14	13108200446	侧柏	*Platycladus orientalis* (L.) Franco	400	14	160	8	二级	杜官屯村 E116°59′52.61″ N39°59′02.47″	杜官屯村委会
15	13108200447	国槐	*Sophora japonica* L.	500	20	450	17	一级	大石庄村 E117°06′56.41″ N40°00′34.57″	大石庄村委会
16	13108200448	国槐	*Sophora japonica* L.	500	16	370	11	一级	尚庄子村 E117°07′12.74″ N40°00′49.08″	尚庄子村委会
17	13108200449	侧柏	*Platycladus orientalis* (L.) Franco	500	16	160	6	一级	尚庄子村 E117°07′12.69″ N40°00′49.63″	尚庄子村委会
18	13108200450	侧柏	*Platycladus orientalis* (L.) Franco	500	16	158	5	一级	尚庄子村 E117°07′12.69″ N40°00′49.63″	尚庄子村委会
19	13108200451	国槐	*Sophora japonica* L.	110	20	230	20	三级	掘山头村 E117°05′49.06″ N40°03′55.84″	掘山头村委会
20	13108200452	国槐	*Sophora japonica* L.	400	12	150	12	二级	后蒋福山村 E117°09′34.73″ N40°03′15.73″	后蒋福山村委会
21	13108200453	国槐	*Sophora japonica* L.	400	12	150	13	二级	后蒋福山村 E117°09′34.73″ N40°03′15.73″	后蒋福山村委会
22	13108200454	油松	*Pinus tabuliformis* Carr.	600	11	210	14	一级	马大庙村 E117°07′10.97″ N39°53′53.73″	马大庙村委会

三河市

（续）

序号	古树名木编号	中文名	拉丁名	树龄（年）	树高（米）	胸围（厘米）	冠幅（米）	保护等级	具体生长位置（经纬度）	管护责任单位（人）
23	13108200455	油松	*Pinus tabuliformis* Carr.	600	11	190	11	一级	马大庙村 E117°07'10.56" N39°53'53.44"	马大庙村委会
24	13108200456	银杏	*Ginkgo blioba* L.	1300	20	1000	25	一级	大掠马村 E117°08'42.79" N39°52'58.96"	大掠马村委会
25	13108200457	国槐	*Sophora japonica* L.	800	12	500	10	一级	行仁庄村 E117°08'35.39" N39°53'59.20"	行仁庄村委会
26	Q13108200001-Q13108200432	梨树群	*Pyrus betulifolia* Bunge	197	4	113		三级	大石各庄 E116°51'36.41" N39°54'43.83"	大石各庄村委会

三河市

大厂回族自治县古树名木一览表

序号	古树名木编号	中文名	拉丁名	树龄（年）	树高（米）	胸围（厘米）	冠幅（米）	保护等级	具体生长位置（经纬度）	管护责任单位（人）
1	1310280000001	国槐	*Sophora japonica* L.	602	15	430	19.3	一级	大厂一村 E116°59'21.20" N39°52'53.83"	大厂清真寺
2	1310280000002	国槐	*Sophora japonica* L.	502	20	400	11.9	一级	陈辛庄 E116°56'11.60" N39°55'04.53"	陈辛庄清真寺
3	1310280000003	国槐	*Sophora japonica* L.	502	15	377	7	一级	北坞四村 E116°54'04.58" N39°57'35.38"	北坞清真寺
4	1310280000004	大青杨	*Populus ussuriensis* Kom.	62	18	280	12	名木	县政府院内 E116°59'20.52" N39°53'13.01"	县政府办公室
5	1310280000007	圆柏	*Sabina chinensis* (L.) Ant.	200	20	157	15	三级	霍各庄村 E116°57'54.73" N39°54'18.14"	霍各庄村委会
6	1310280000009	杜梨	*Pyrus betulifolia* Bunge	120	2.5	188	12	三级	岗子屯村 E116°52'22.28" N39°54'05.81"	岗子屯村委会
7	1310280000010	国槐	*Sophora japonica* L.	100	16	170	30	三级	大平庄村 E116°54'49.59" N39°54'19.02"	大平庄村委会
8	1310280000011	榆树	*Ulmus pumila* L.	100	12	220	30	三级	大平庄村 E116°54'32.47" N39°54'14.84"	大平庄村委会
9	1310280000012	国槐	*Sophora japonica* L.	200	15	160	16	三级	马家庙村 E117°01'23.64" N39°49'57.73"	马家庙村委会
10	1310280000013	国槐	*Sophora japonica* L.	100	18	220	22	三级	侯官屯村 E117°01'36.76" N39°51'47.08"	侯官屯村委会
11	1310280000017	洋槐	*Sophora japonica* L.	100	14	440	12	三级	窄坡村 E116°52'20.09" N39°52'48.77"	窄坡村委会

大厂回族自治县

（续）

序号	古树名木编号	中文名	拉丁名	树龄（年）	树高（米）	胸围（厘米）	冠幅（米）	保护等级	具体生长位置（经纬度）	管护责任单位（人）
12	13102800019	杜梨	*Pyrus betulifolia* Bunge	100	12	157	10	三级	谢疃村 E116°52′33.57″ N39°53′45.68″	谢疃村委会
13	13102800022	国槐	*Sophora japonica* L.	100	15	300	20	三级	小东关村 E116°53′23.13″ N39°51′55.77″	小东关村委会
14	13102800023	国槐	*Sophora japonica* L.	100	18	300	22	三级	小东关村 E116°53′23.05″ N39°51′59.54″	小东关村委会
15	13102800026	国槐	*Sophora japonica* L.	100	15	200	12	三级	霍各庄村 E116°57′57.93″ N39°54′17.58″	霍各庄村委会
16	13102800030	枣树	*Ziziphus jujuba* Mill.	180	5	130	4	三级	亮甲台村 E116°55′17.91″ N39°52′40.52″	亮甲台村委会
17	13102800032	国槐	*Sophora japonica* L.	100	15	180	30	三级	西关村 E116°52′37.15″ N39°51′09.52″	西关村委会

大厂回族自治县

香河县古树名木一览表

序号	古树名木编号	中文名	拉丁名	树龄（年）	树高（米）	胸围（厘米）	冠幅（米）	保护等级	具体生长位置（经纬度）	管护责任单位（人）
1	13113200001	银杏	Ginkgo biloba L.	500	22	420	24	二级	香城屯村 E117°02′59.03″ N39°40′16.74″	香城屯村委会
2	13113200002	楸树	Catalpa bungei C. A. Mey	300	15	450	6	二级	戴家阁村 E117°09′10.75″ N39°44′51.73″	戴家阁村委会
3	13113200003	国槐	Sophora japonica L.	600	12	310	12.85	一级	王指挥庄 E116°55′12.90″ N39°45′03.58″	王指挥庄村委会
4	13113200004	国槐	Sophora japonica L.	300	12	235	12.85	二级	枳根城 E116°54′54.58″ N39°45′03.76″	枳根城村委会
5	13113200005	国槐	Sophora japonica L.	300	12	225	12.45	二级	前马房 E117°00′15.21″ N39°41′30.41″	前马房村委会
6	13113200006	国槐	Sophora japonica L.	800	11	430	14.75	一级	周庄村 E117°02′40.27″ N39°39′27.00″	周庄村委会
7	13113200007	国槐	Sophora japonica L.	260	14	200	12.3	三级	于辛庄村 E117°02′57.91″ N39°41′02.57″	于辛庄村委会
8	13113200008	国槐	Sophora japonica L.	350	20	260	22.15	二级	霍刘赵 E117°03′30.61″ N39°39′08.70″	霍刘赵村委会
9	13113200009	国槐	Sophora japonica L.	800	15	420	16.5	一级	韩营村 E117°04′20.69″ N39°42′35.64″	韩营村村委会
10	13113200010	国槐	Sophora japonica L.	600	13	340	19.36	一级	铁佛堂村 E117°04′06.12″ N39°43′29.34″	铁佛堂村委会
11	13113200011	国槐	Sophora japonica L.	300	12	210	14.35	二级	店子务村 E117°06′27.16″ N39°45′44.52″	店子务村委会

香河县

（续）

序号	古树名木编号	中文名	拉丁名	树龄（年）	树高（米）	胸围（厘米）	冠幅（米）	保护等级	具体生长位置（经纬度）	管护责任单位（人）
12	13113200012	国槐	Sophora japonica L.	300	12	205	14	二级	店子务村 E117°06′27.16″ N39°45′44.52″	店子务村委会
13	13113200013	国槐	Sophora japonica L.	300	18	260	17.7	二级	蒋辛屯镇 E116°59′31.70″ N39°49′31.62″	镇政府
14	13113200014	白皮松	Pinus bungeana Zucc. ex Endl.	50	4	47	4.9	名木	第三中学 E116°59′42.09″ N39°45′46.37″	第三中学
15	13113200015	旱柳	Salix matsudana Koidz.	100	9	204	16	三级	蔡庄 E116°59′52.18″ N39°39′23.08″	蔡庄村委会

香河县

固安县古树名木一览表

序号	古树名木编号	中文名	拉丁名	树龄（年）	树高（米）	胸围（厘米）	冠幅（米）	保护等级	具体生长位置（经纬度）	管护责任单位（人）
1	13102200001	国槐	*Sophora japonica* L.	450	18	140	15.5	二级	北辛街村 E116°19'14.05" N39°22'06.75"	冯泊
2	13102200002	枣树	*Ziziphus jujuba* Mill.	430	5	110	7	三级	北辛街村 E116°19'07.67" N39°22'15.95"	孙俊成
3	13102200003	国槐	*Sophora japonica* L.	110	8	160	11	三级	北程村 E116°17'27.83" N39°21'05.82"	商凤举
4	13102200004	枣树	*Ziziphus jujuba* Mill.	110	5	80	7	三级	无为村 E116°18'14.14" N39°19'56.13"	张万明
5	13102200005	榆树	*Ulmus pumila* L.	300	15	250	19.3	三级	营村二村 E116°10'20.84" N39°28'16.10"	冯泊
6	13102200006	桑树	*Morus alba* L.	380	16	220	12.5	三级	杨家圈村 E116°14'20.66" N39°11'49.08"	宁正文
7	13102200007	桑树	*Morus alba* L.	200	15	200	11.5	三级	杨家圈村 E116°14'18.17" N39°11'52.50"	魏树良
8	13102200008	桑树	*Morus alba* L.	300	15	230	12.5	三级	杨家圈村 E116°14'18.48" N39°11'52.77"	魏树良
9	13102200009	枣树	*Ziziphus jujuba* Mill.	300	10	200	6.5	三级	马庄南村 E116°15'17.45" N39°11'17.44"	郭建强
10	13102200010	国槐	*Sophora japonica* L.	100	18	290	10	三级	朱铺头村 E116°15'37.22" N39°08'47.75"	朱铺头村委会
11	13102200011	国槐	*Sophora japonica* L.	260	15	160	11	三级	中所营村 E116°21'16.02" N39°17'38.02"	中所营村委会

固安县

（续）

序号	古树名木编号	中文名	拉丁名	树龄（年）	树高（米）	胸围（厘米）	冠幅（米）	保护等级	具体生长位置（经纬度）	管护责任单位（人）
12	13102200012	国槐	Sophora japonica L.	160	11	190	4.5	三级	田马坊村 E116°20′32.54″ N39°16′49.27″	田马坊村委会
13	13102200013	柏树	Cupressus funebris Endl.	1000	13	298	8	一级	北赵各庄村 E116°22′45.23″ N39°18′06.11″	任可明
14	13102200014	国槐	Sophora japonica L.	280	10	168	4.5	三级	半截塔村 E116°10′54.93″ N39°22′28.63″	半截塔村委会
15	13102200015	国槐	Sophora japonica L.	130	16	120	11	三级	何皮营村 E116°10′33.70″ N39°22′59.74″	任可明
16	Q13102200001- Q13102200008	梨树	Pyrus betulifolia Bunge	230	5	110		三级	北义厚村 E116°19′02.06″ N39°21′01.48″	北义厚村集体
17	Q13102200009- Q13102200368	梨树	Pyrus betulifolia Bunge	230	5	110		三级	北义厚村 E116°18′59.90″ N39°21′01.02″	北义厚村集体
18	Q13102200369- Q13102200848	梨树	Pyrus betulifolia Bunge	230	5	110		三级	北义厚村 E116°18′56.07″ N39°21′03.76″	北义厚村集体

固安县

永清县古树名木一览表

序号	古树名木编号	中文名	拉丁名	树龄（年）	树高（米）	胸围（厘米）	冠幅（米）	保护等级	具体生长位置（经纬度）	管护责任单位（人）
1	13102300001	国槐	*Sophora japonica* L.	454	12	200	9	二级	三堡 E116°29′36.76″ N39°19′14.11″	永清县园林环卫卫局
2	13102300002	加杨	*Populus × canadensis* Moench	100	20	200	9	三级	朱家坟村 E116°29′26.51″ N39°19′08.59″	朱家坟村委会
3	13102300003	国槐	*Sophora japonica* L.	100	18	210	23	三级	东塔巷 E116°30′28.82″ N39°19′02.92″	东塔巷村委会
4	13102300004	国槐	*Sophora japonica* L.	600	10	360	9	一级	大刘庄 E116°36′33.84″ N39°14′58.39″	大刘庄村委会
5	13102300005	枣树	*Ziziphus jujuba* Mill.	300	20	150	13	二级	北五道口村 E116°42′24.22″ N39°13′33.68″	北五道口村村委会
6	13102300006	国槐	*Sophora japonica* L.	100	15	180	6	三级	崔家铺村 E116°38′14.25″ N39°14′22.98″	崔家铺村委会
7	13102300007	柳树	*Salix babylonica* L.	100	14	290	18	三级	七堡村 E116°40′28.01″ N39°13′14.44″	七堡村委会
8	13102300008	国槐	*Sophora japonica* L.	120	15	200	15	三级	里澜城 E116°43′38.38″ N39°11′58.30″	里澜城村委会
9	13102300009	榆树	*Ulmus pumila* L.	280	16	90	18	三级	张庄子村 E116°28′07.78″ N39°26′33.72″	张庄子村委会
10	13102300010	侧柏	*Platycladus orientalis* (L.) Franco	150	10	90	6	三级	南小营村 E116°28′08.14″ N39°23′19.77″	南小营村委会
11	13102300011	圆柏	*Sabina chinensis* (L.) Ant.	118	16	130	6	三级	北大王庄村 E116°28′16.29″ N39°22′46.10″	北大王庄村委会

永清县

（续）

序号	古树名木编号	中文名	拉丁名	树龄（年）	树高（米）	胸围（厘米）	冠幅（米）	保护等级	具体生长位置（经纬度）	管护责任单位（人）
12	13102300012	国槐	Sophora japonica L.	105	10	180	8.5	三级	曹家务 E116°31'10.15" N39°24'07.33"	曹家务村委会
13	13102300013	国槐	Sophora japonica L.	105	10	180	8.5	三级	曹家务 E116°31'10.15" N39°24'07.33"	曹家务村委会
14	13102300014	国槐	Sophora japonica L.	300	15	200	19	二级	李家口村 E116°29'26.90" N39°11'35.68"	李家口村委会
15	13102300015	国槐	Sophora japonica L.	300	15	190	19	二级	李家口村 E116°29'26.93" N39°11'35.27"	李家口村委会
16	13102300016	国槐	Sophora japonica L.	300	15	195	19	二级	李家口村 E116°29'26.65" N39°11'34.78"	李家口村委会
17	13102300017	国槐	Sophora japonica L.	300	15	185	19	二级	李家口村 E116°29'26.84" N39°11'34.28"	李家口村委会
18	13102300018	国槐	Sophora japonica L.	300	15	205	19	二级	李家口村 E116°29'26.74" N39°11'33.68"	李家口村委会
19	13102300019	国槐	Sophora japonica L.	100	10	300	10	三级	土楼建设村 E116°31'15.85" N39°12'03.75"	土楼建设村委会
20	13102300020	国槐	Sophora japonica L.	100	15	180	16	三级	东辛庄村 E116°31'28.86" N39°09'23.64"	东辛庄村委会
21	13102300021	旱柳	Salix matsudana Koidz.	120	10	330	19	三级	刘街 E116°32'42.01" N39°10'09.71"	刘街村委会
22	13102300022	国槐	Sophora japonica L.	110	13	210	8	三级	彩木营村 E116°33'28.65" N39°09'01.79"	彩木营村委会

永清县

（续）

序号	古树名木编号	中文名	拉丁名	树龄（年）	树高（米）	胸围（厘米）	冠幅（米）	保护等级	具体生长位置（经纬度）	管护责任单位（人）
23	13102300023	国槐	Sophora japonica L.	200	6	120	5	三级	徐官营村 E116°26′03.39″ N39°17′15.68″	徐官营村委会
24	13102300024	国槐	Sophora japonica L.	150	15	92	4.5	三级	大强村 E116°25′01.70″ N39°17′02.59″	大强村委会
25	13102300025	国槐	Sophora japonica L.	150	15	140	12.5	三级	大强村 E116°25′01.65″ N39°17′02.86″	大强村委会
26	13102300026	国槐	Sophora japonica L.	150	15	150	15	三级	大强村 E116°25′01.65″ N39°17′03.34″	大强村委会
27	13102300027	国槐	Sophora japonica L.	500	10	200	7	一级	乔家营 E116°25′18.31″ N39°15′47.68″	乔家营村委会
28	13102300028	国槐	Sophora japonica L.	600	12	290	10	一级	杨迁务村 E116°23′05.70″ N39°14′00.56″	杨迁务村委会
29	13102300029	国槐	Sophora japonica L.	200	20	200	5	三级	前店村 E116°29′06.21″ N39°13′59.47″	前店村委会
30	13102300030	国槐	Sophora japonica L.	270	20	225	17	三级	第七里村 E116°40′27.56″ N39°17′59.42″	第七里村委会
31	13102300031	国槐	Sophora japonica L.	270	20	225	17	三级	第七里村 E116°40′27.56″ N39°17′59.42″	第七里村委会
32	13102300032	大青杨	Populus ussuriensis Kom.	120	28	314	10	三级	东甄庄村 E116°39′33.49″ N39°17′43.48″	东甄庄村委会
33	13102300033	国槐	Sophora japonica L.	130	14	167	12.5	三级	双小营 E116°39′27.74″ N39°19′50.91″	双小营村委会

永清县

（续）

序号	古树名木编号	中文名	拉丁名	树龄（年）	树高（米）	胸围（厘米）	冠幅（米）	保护等级	具体生长位置（经纬度）	管护责任单位（人）
34	13102300034	国槐	*Sophora japonica* L.	130	15	177	14.5	三级	双小营 E116°39′27.74″ N39°19′50.91″	双小营村委会
35	13102300035	榆树	*Ulmus pumila* L.	160	17	172	11.5	三级	柳行村 E116°41′15.20″ N39°16′34.21″	柳行村委会
36	13102300036	柳树	*Salix babylonica* L.	150	23	560	12	三级	北刘庄村 E116°40′17.26″ N39°21′26.42″	北刘庄村委会
37	13102300037	国槐	*Sophora japonica* L.	100	12	420	22	三级	大朱庄村 E116°38′48.78″ N39°12′53.74″	大朱庄村委会
38	13102300038	国槐	*Sophora japonica* L.	110	11	250	10	三级	大朱庄村 E116°38′49.17″ N39°12′53.73″	大朱庄村委会
39	13102300039	国槐	*Sophora japonica* L.	100	18	170	19	三级	北岔口村 E116°27′01.67″ N39°21′36.31″	北岔口村委会

永清县

霸州市古树名木一览表

序号	古树名木编号	中文名	拉丁名	树龄（年）	树高（米）	胸围（厘米）	冠幅（米）	保护等级	具体生长位置（经纬度）	管护责任单位（人）
1	13108100001	国槐	*Sophora japonica* L.	600	9	240	13	二级	格达村 E116°46′46.92″ N39°08′24.43″	格达村委会
2	13108100002	国槐	*Sophora japonica* L.	600	10	278	13	二级	格达村 E116°46′46.89″ N39°08′25.47″	格达村委会
3	13108100003	国槐	*Sophora japonica* L.	600	9	280	15	二级	格达村 E116°46′47.27″ N39°08′25.44″	格达村委会
4	13108100004	侧柏	*Platycladus orientalis* (L.) Franco	500	8	115	6	二级	格达村 E116°46′47.08″ N39°08′25.98″	格达村委会
5	13108100005	皂荚	*Gleditsia sinensis* Lam.	250	15	310	17.5	三级	大高各庄村 E116°29′39.41″ N39°04′36.08″	大高各庄村委会
6	13108100006	国槐	*Sophora japonica* L.	900	10	363	15	一级	西北岸村 E116°20′08.86″ N39°11′25.99″	西北岸村委会
7	13108100007	国槐	*Sophora japonica* L.	650	15	290	15.5	二级	北高各庄村 E116°26′44.87″ N39°08′40.48″	北高各庄村委会
8	13108100008	国槐	*Sophora japonica* L.	590	12	210	8	二级	岔河集村 E116°18′15.38″ N39°06′17.58″	岔河集村委会
9	13108100009	国槐	*Sophora japonica* L.	590	10	180	11	二级	岔河集村 E116°18′15.20″ N39°06′17.60″	岔河集村委会
10	13108100010	国槐	*Sophora japonica* L.	600	9	257	10	一级	辛章四村 E116°47′11.92″ N39°04′54.93″	辛章四村委会
11	13108100011	国槐	*Sophora japonica* L.	200	15	259	10.5	三级	城内二街村 E116°24′10.24″ N39°06′03.14″	王吉顺

霸州市

（续）

序号	古树名木编号	中文名	拉丁名	树龄（年）	树高（米）	胸围（厘米）	冠幅（米）	保护等级	具体生长位置（经纬度）	管护责任单位（人）
12	13108100012	香椿	Toona sinensis (A. Juss.) Roem.	130	15	165	10	三级	胜芳镇 E116°41′42.02″ N39°03′41.30″	胜芳镇古镇管委会
13	13108100013	构树	Broussonetia papyrifera (L.) L'Hér. ex Vent.	200	11	370	18	三级	城区办事处 E116°24′06.51″ N39°07′33.97″	博雅公司
14	13108100014	枣树	Ziziphus jujuba Mill.	500	15	180	12	一级	下坊村 E116°31′57.48″ N39°02′20.35″	许树杰
15	13108100015	枣树	Ziziphus jujuba Mill.	120	8	116	7.5	三级	赵家柳村 E116°54′21.36″ N39°08′44.28″	张宝奎
16	13108100016	枣树	Ziziphus jujuba Mill.	120	9	111	7	三级	赵家柳村 E116°54′25.91″ N39°08′50.16″	孙永生
17	13108100017	臭椿	Ailanthus altissima (Mill.) Swingle in Journ.	100	15	165	12	三级	辛章三村 E116°47′01.00″ N39°04′48.60″	郑宝生
18	13108100018	国槐	Sophora japonica L.	400	12	180	13.5	二级	十一街村 E116°44′11.71″ N39°08′36.49″	荣运安

霸州市

文安县古树名木一览表

序号	古树名木编号	中文名	拉丁名	树龄（年）	树高（米）	胸围（厘米）	冠幅（米）	保护等级	具体生长位置（经纬度）	管护责任单位（人）
1	13102600001	侧柏	Platycladus orientalis (L.) Franco	123	12	106	6	三级	新镇镇 E116°21'22.10" N39°00'04.20"	冯章栓
2	13102600002	国槐	Sophora japonica L.	1200	6	431	10	一级	下武各庄村 E116°25'52.10" N39°02'54.44"	下武各庄村委会
3	13102600003	国槐	Sophora japonica L.	310	10	212	15	二级	西码头村 E116°32'34.53" N39°00'02.85"	陈家家族
4	13102600004	国槐	Sophora japonica L.	113	15	155	15	三级	西长田村 E116°39'40.29" N38°56'00.40"	张家家族
5	13102600005	国槐	Sophora japonica L.	113	14	170	10	三级	西长田村 E116°39'40.45" N38°56'00.53"	张家家族
6	13102600008	枣树	Ziziphus jujuba Mill.	200	6	179	10	三级	北李村 E116°18'48.50" N38°48'55.40"	任存良
7	13102600009	枣树	Ziziphus jujuba Mill.	200	8	89	8	三级	北李村 E116°18'48.50" N38°48'55.40"	任存良

文安县

大城县古树名木一览表

序号	古树名木编号	中文名	拉丁名	树龄（年）	树高（米）	胸围（厘米）	冠幅（米）	保护等级	具体生长位置（经纬度）	管护责任单位（人）
1	13102500001	国槐	*Sophora japonica* L.	1000	10	350	11	一级	张庄村 E116°44′30.75″ N38°44′43.26″	张庄村委会
2	13102500002	国槐	*Sophora japonica* L.	1000	10	300	9	一级	张庄村 E116°44′30.47″ N38°44′43.10″	张庄村委会
3	13102500003	国槐	*Sophora japonica* L.	600	14	340	13.6	一级	西留各庄村 E116°30′30.52″ N38°34′00.62″	西留各庄村委会
4	13102500004	枣树	*Ziziphus jujuba* Mill.	600	5	125	3.5	一级	大流漂村 E116°43′18.50″ N38°39′42.61″	大流漂村委会
5	13102500005	枣树	*Ziziphus jujuba* Mill.	400	5	130	3.5	二级	大流漂村 E116°43′12.97″ N38°39′39.90″	大流漂村委会
6	13102500006	国槐	*Sophora japonica* L.	400	9	250	10	二级	前屯村 E116°26′14.00″ N38°37′52.23″	前屯村委会
7	13102500007	国槐	*Sophora japonica* L.	300	13	270	19	二级	前屯村 E116°26′20.75″ N38°37′50.27″	前屯村委会
8	13102500008	侧柏	*Platycladus orientalis* (L.) Franco	400	10	130	7.5	二级	北魏村 E116°23′49.30″ N38°38′03.48″	北魏村委会
9	13102500009	国槐	*Sophora japonica* L.	300	15	250	12.5	二级	王祝村 E116°28′30.77″ N38°30′58.84″	王祝村委会
10	13102500010	国槐	*Sophora japonica* L.	300	7	165	6.5	二级	后街村 E116°29′48.84″ N38°41′12.31″	后街村委会
11	13102500011	国槐	*Sophora japonica* L.	200	12	200	11	三级	西街村 E116°29′40.86″ N38°41′01.41″	西街村委会

大城县

（续）

序号	古树名木编号	中文名	拉丁名	树龄（年）	树高（米）	胸围（厘米）	冠幅（米）	保护等级	具体生长位置（经纬度）	管护责任单位（人）
12	13102500012	国槐	*Sophora japonica* L.	300	13	240	11	二级	泊庄村 E116°44′19.88″ N38°45′07.64″	泊庄村委会
13	13102500013	国槐	*Sophora japonica* L.	300	10	260	12	二级	里坦镇 E116°35′41.46″ N38°30′40.91″	里坦镇村委会
14	13102500014	国槐	*Sophora japonica* L.	400	7	210	6	二级	里坦镇四街 E116°35′42.78″ N38°30′47.95″	里坦镇四街村委会
15	13102500015	国槐	*Sophora japonica* L.	100	5	150	11	三级	前北曹 E116°28′26.49″ N38°35′54.88″	前北曹村委会

大城县